SOBRE AS ÁGUAS
Desafios e perspectivas

PUC-RIO

Reitor
Pe. Jesús Hortal Sánchez, SJ

Vice-Reitor
Pe. Josafá Carlos de Siqueira, SJ

Vice-Reitor para Assuntos Acadêmicos
Prof. Danilo Marcondes de Souza Filho

Vice-Reitor para Assuntos Administrativos
Prof. Luis Carlos Scavarda do Carmo

Vice-Reitor para Assuntos Comunitários
Prof. Augusto Luiz Duarte Lopes Sampaio

Vice-Reitor para Assuntos de Desenvolvimento
Engenheiro Nelson Janot Marinho

Decanos
Profa. Maria Clara Lucchetti Bingemer (CTCH)
Profa. Gisele Guimarães Cittadino (CCS)
Prof. José Alberto dos Reis Parise (CTC)
Prof. Francisco de Paula Amaral Neto (CCBM)

SOBRE AS ÁGUAS
Desafios e perspectivas

Organização
DENISE PINI ROSALEM DA FONSECA
JOSAFÁ CARLOS DE SIQUEIRA, SJ

Editora PUC Rio

IDÉIAS & LETRAS

©Editora PUC-Rio
Rua Marques de São Vicente, 225 - Casa Agência / Editora
Gávea – Rio de Janeiro – RJ – CEP 22453-900
Telefone: (21) 3114-1609 / 1610
Home-page: www.puc-rio.br/editorapucrio
E-mail: edpucrio@vrc.puc-rio.br

Capa e Projeto Gráfico
José Antonio de Oliveira

Revisão dos originais
Gilberto Scheid

©Editora Idéias&Letras
Rua Padre Claro Monteiro, 342
Aparecida- SP - CEP 12570-000
Telefone: (12) 3104-2000
Home-page: www.redemptor.com.br
E-mail: vendas@redemptor.com.br

Todos os direitos reservados. Nenhuma parte desta obra pode ser reproduzida ou transmitida por quaisquer meios (eletrônico ou mecânico, incluindo fotocópia e gravação) ou arquivada em qualquer sistema ou banco de dados sem permissão escrita da Editora.

ISBN: 85-98239-31-3

Sobre as águas: desafios e perspectivas/organização: Denise Pini Rosalem da Fonseca e Josafá Carlos de Siqueira, SJ. – Rio de Janeiro: Ed. PUC-Rio; Aparecida: Idéias&Letras, 2004.

196 p. ; 21 cm (Coleção Teologia e Ciências Humanas, n.31)

Apoio: Associação Nóbrega de Educação e Assistência Social – ANEAS, Procuradoria Geral do Município do Rio de Janeiro e Fundação AVINA.

ISBN: 85-98239-31-3

Inclui bibliografia

1. Água. 2. Meio ambiente. 3. Ética 4. Desenvolvimento sustentável I. Fonseca, Denise Pini Rosalem da. II Siqueira, Josafá Carlos de.

CDD: 333.7

Agradecimentos

O próprio tema do qual este livro se ocupa – a água – é um convite à contemplação sobre a generosidade da dádiva e, como conseqüência, à gratidão. É sobre a nossa gratidão a todos aqueles que contribuíram com seu tempo, seu talento, seus recursos e sua generosidade, para que este trabalho se realizasse, que desejamos falar neste momento.

Primeiramente, somos gratos a todos os professores da PUC-Rio que aceitaram participar do Seminário Interdisciplinar *Sobre as águas... Desafios e perspectivas*, que realizamos no *campus* da Gávea entre os dias 24 e 28 de maio de 2004. Foram 21 professores da nossa casa que se dedicaram a produzir textos, organizar mesas-redondas, coordenar atividades de estudantes, mediar debates, comentar palestras, receber convidados e tantas outras atividades, que uma iniciativa como esta demanda. O resultado foi uma criativa e auspiciosa semana de exercício da interdisciplinaridade, em torno de um tema que nos diz respeito a todos e que, para além de manter o auditório permanentemente ocupado, nos revelou trilhas que levam ao reconhecimento das nossas sinergias.

Merecem nossa especial gratidão os 15 profissionais que contribuíram com os textos que compõem esta obra, por haverem apoiado o nosso desejo de deixar um registro impresso das reflexões que desenvolvemos na PUC-Rio durante uma semana, sobre um tema que embora ocupe a humanidade desde a sua criação, ainda se encontra longe de haver sido suficientemente compreendido.

Dentre essas pessoas, talentosas e comprometidas com a pluralidade, gostaríamos de destacar as professoras Maria Clara Lucchetti Binguemer e Eliana Yunes, Decana e Vice-Decana do Centro de Teologia e Ciências Humanas (CTCH), respectivamente, que foram co-autoras e ativas colaboradoras desta aventura intercentros. A elas cabe a nossa gratidão pelo apoio prestado e pelo entusiasmo compartilhado desde a primeira hora.

Por razões semelhantes, merece o nosso reconhecimento e apreço o professor Fernando Cavalcanti Walcacer, Coordenador do Setor de Direito Ambiental do Núcleo Interdisciplinar de Meio Ambiente (NIMA-JUR/PUC-Rio), quem se encarregou de obter o apoio institucional da Procuradoria Geral do Município do Rio de Janeiro, o que nos permitiu contar com as valiosas presenças dos palestrantes Doutor Alexandre Kiss, da Universidade de Estrasburgo e Doutora Mary Sancy, da UNITAR. Somos muito gratos à Procuradoria por este esforço de colaboração institucional que tanto nos honra.

Somos particularmente agradecidos à Fundação AVINA, por haver patrocinado a participação de dois profissionais, que são referências nacionais dos campos do Direito Ambiental e da Ecologia, respectivamente: os Doutores Paulo Affonso Leme Machado, da UNESP de Rio Claro, SP e Evaristo Eduardo Miranda, da Embrapa – Monitoramento por Satélite, de Campinas, SP.

Constitui para nós um privilégio expressar a nossa alegria e orgulho por haver contado com a participação destes quatro valiosos palestrantes, que enriqueceram o seminário com os seus notáveis saberes e elevadas convicções.

Cabe ainda mencionar o nosso apreço e gratidão às estudantes Ana Helena Ithamar Passos e Melissa Carvalho Gomes, do Departamento de Serviço Social e Roberto Azoubel, do Departamento de Letras, que dedicaram seu tempo e entusiasmo para a organização do evento, em benefício de toda a comunidade universitária da PUC-Rio.

Finalmente, gostaríamos de agradecer de forma muito especial à Associação Nóbrega de Educação e Assistência Social (ANEAS) e à Fundação AVINA, instituições que apóiam sistematicamente as atividades de pesquisa e ação social do Núcleo Interdisciplinar de Meio Ambiente (NIMA/PUC-Rio), por haverem patrocinado a publicação desta obra.

Denise Pini Rosalem da Fonseca
Josafá Carlos de Siqueira, SJ

Sumário

Prefácio
Desafios éticos e aporias no processo de construção da
interdisciplinaridade na Universidade brasileira 9
Josafá Carlos de Siqueira, SJ

Apresentação
Versando sobre as águas 17
Denise Pini Rosalem da Fonseca

Perspectivas Religiosas e Culturais

As águas na tradição judaica 27
Evaristo Eduardo de Miranda

A voz do espírito nas águas 43
Lina Boff

O imaginário religioso das águas 55
Maria Clara Lucchetti Bingemer

Caos, criação e corpo: elementos do simbolismo aquático
consubstanciados na maternidade de Iemanjá 85
Denise Pini Rosalem da Fonseca

Perspectivas Éticas e Existenciais

A problemática ética da água: valores e contravalores 97
Josafá Carlos de Siqueira, SJ

A água, elemento primordial 103
Danilo Marcondes

Aspectos bioéticos no uso da água 111
André Marcelo Machado Soares; Benigno Sobral; Walter Esteves Piñeiro

Água de poço: da materialidade do devaneio 119
Alvaro de Pinheiro Gouvêa

A água na natureza, na vida e no coração dos homens 137
Evaristo Eduardo de Miranda

Outras Perspectivas

Água: uma visão sistêmica 153
André Trigueiro

Chuvas, Mata Atlântica e a cidade do Rio de Janeiro 161
Rogério Ribeiro de Oliveira

As águas e o homem 175
Denise Portinari

Águas coloridas que desenham a vida do corpo na terra 185
Ana Branco

Posfácio
Águas passadas movem moinhos 189
Eliana Yunes

Autores 191

Prefácio

Desafios éticos e aporias no processo de construção da interdisciplinaridade na Universidade brasileira

Josafá Carlos de Siqueira, SJ

Para os que pensam num horizonte marcado pela racionalidade de um conhecimento científico fechado nos limites de um saber ensimesmado, a possibilidade de uma interdisciplinaridade ou é uma utopia ou simplesmente constitui um modismo do pensamento globalizante que tem encontrado eco no processo atual de mundialização.

De maneira diferente, existem também os que pensam que a racionalidade do conhecimento científico só poderá dar uma resposta para os grandes e complexos problemas do mundo contemporâneo se houver uma abertura e uma intercomunicação dos conteúdos disciplinares sem, no entanto, cair em generalidades ou desprezar as metodologias dos saberes específicos.

Nesta aporia entre uma concepção de um saber disciplinar ensimesmado — marcada por uma cosmovisão fragmentada — e, de outro lado, a possibilidade de construção de um saber científico coletivo e uma pesquisa de complementaridade entre disciplinas fortemente construídas com competências de conteúdos e metodologias — marcadas por uma cosmovisão integradora — é que nasce a polêmica e desafiante questão da interdisciplinaridade.

Quando se coloca esta discussão é preciso que resgatemos os desafios éticos que estão por detrás da interdisciplinaridade, abrindo-nos para questões mais relevantes do que meramente uma montagem de noções recortadas de diversas disciplinas ou a pretensão utópica de construção de uma nova e poderosa ciência que ultrapassa as fronteiras disciplinares.

Na verdade o termo interdisciplinaridade, enquanto um processo crítico que pretende abordar epistemologicamente os objetos de conhecimento dentro de um horizonte de inter-relação da realidade socioambiental pluriversa, tem provocado inquietação na abordagem compartimentada dos saberes. Muitas vezes esquecemos que a interdisciplinaridade constitui um esforço de compreensão unitiva da realidade para solucionar os complexos problemas gerados pelos saberes fragmentados, separados por limites dos territórios científicos (Leff, 2002). Ao assumir o desafio de pensar e repensar a reterritorialização das disciplinas de maneira compartilhada, a interdisciplinaridade atua não tanto na metodologia, mas no âmbito dos conteúdos, tendo como pressuposto o desejo de aprender com os outros.

Quanto se fala da interdisciplinaridade do ponto de vista ético, o grande questionamento é pelos pressupostos que estão por trás da questão. É sobre estes que trataremos a seguir.

Pressuposto relacionado com a cosmovisão

A preocupação com a interdisciplinaridade revela um questionamento profundo na visão de mundo e, por outro, um apelo em buscar uma outra cosmovisão, que permita compreender melhor a realidade em sua totalidade. A complexidade do mundo social, cultural e ambiental já não pode mais ser apreendida e interpretada por saberes científicos compartimentados. A busca de uma compreensão de totalidade revela um desejo constitutivo da pluralidade da liberdade humana, onde as relações com o transcendente, o social e o ambiental acontecem simultaneamente, mormente os condicionamentos e as contingências históricas pouco favoráveis.

A busca de tradições hermenêuticas inspiradas em cosmovisões mais integradoras entre o homem, Deus e a natureza tem sido atualmente objeto de estudos e resgate histórico no campo de algumas ciências sociais e humanas, particularmente da antropologia e da teologia.

Pressuposto da abordagem desigual entre as racionalidades

O desejo de articular a interdisciplinaridade sempre esbarra na abordagem desigual entre a racionalidade de resultados e

Prefácio

a racionalidade axiológica que, segundo Gómez-Heras (1997), constitui um dos grandes problemas da ética ambiental. A primeira, marcada pelo seu caráter operacional e quantitativo, está preocupada em buscar e responder, dentro de princípios éticos inspirados na visão pitagórica e cartesiana, os desafios técnico-científicos, sejam eles de conteúdos disciplinares ou de cruzamentos de conteúdos similares. É importante lembrar que esta racionalidade predomina tanto no contexto socioeconômico como nos conteúdos científicos de várias ciências. A segunda, por estar voltada para os valores sociais, culturais e ambientais, trabalha mais com o resgate de conteúdos e práticas éticas que passam pela interdisciplinaridade dos saberes acadêmicos e culturais. Mesmo com esta desigualdade entre a racionalidade de resultados e a racionalidade axiológica, a busca de construção da interdisciplinaridade continua descortinando a possibilidade de construirmos um saber mais criativo e unitivo, onde o instrumental, o cultural e o ambiental, embora tematizados e compreendidos em profundidade nos seus limites disciplinares, possam se intercambiar e se enriquecer mutuamente, constituindo assim uma mediação importante para uma compreensão mais plural e integradora da realidade socioambiental.

Pressuposto da aporia entre *ethos* e *hexis*

Ao se buscar a interdisciplinaridade, depara-se com a dialética existente na coluna semântica da ética (Siqueira, 2002), onde o *ethos* (costume) nem sempre está em perfeita consonância com o *hexis* (hábito). No horizonte da interdisciplinaridade podemos afirmar que os hábitos de construção de saberes científicos circunscritos em limites disciplinares têm influenciado os costumes e posturas do homem diante da realidade socioambiental. A experiência acadêmica revela que existe uma grande dificuldade entre os jovens universitários em pensar e construir inter-relações entre o social, o ambiental, o técnico e o cultural. O corporativismo departamentalizado de nossas instituições de ensino superior tem sido responsável por esta realidade no meio acadêmico. O hábito de pensar e construir fragmentariamente os saberes tem resultado em costumes sociais desarticulados, ou seja, numa dificuldade em viver e pensar de maneira integral as diversas dimensões da vida humana.

Pressuposto ecológico

A interdisciplinaridade encontra seu grande campo de desafio nas fronteiras entre as ciências sociais e da natureza, embora esta última tenha sido pioneira no processo de construção de um saber ambiental mais inter-relacional. González-Gaudiano (2001) mostra que na América Latina, e em parte da Europa, a educação ambiental, que tem atualmente proporcionado uma das experiências mais concretas de construção da interdisciplinaridade entre o social e o ambiental, teve seu impulso inicial entre os biólogos e ecólogos, sobretudo através de projetos comunitários relacionados com a conservação da natureza. Isto revela que o pressuposto ecológico, mesmo dentro dos limites dos campos dos saberes específicos, tem estado aberto às possibilidades de construção de um saber ambiental que demanda uma articulação entre o ambiental e o social. Infelizmente em muitas instituições de ensino superior estamos assistindo ao fenômeno do uso indevido do atributo ambiental, seja por interesses econômicos ou mesmo por razões de *marketing* ecológico. Na realidade, o que muitas vezes vem sendo chamado de interdisciplinaridade não passa de uma "ambientação disciplinar", ou seja, a apropriação da palavra "ambiental" associada ao título tradicional de uma disciplina, compondo assim um binômio que aparenta algo de novo, mas, na verdade, o conteúdo continua sendo o mesmo. O grande desafio do pressuposto ecológico continua sendo a abertura das fronteiras entre o social e o ambiental, permitindo a construção de um processo interdisciplinar que favoreça a relação ética entre homem e natureza. Oxalá os saberes sociais pudessem estar mais abertos para a "ambientação das disciplinas" e os saberes ecológicos mais disciplinarmente socializados.

Pressuposto da solidariedade

A solidariedade é um pressuposto fundamental na construção da interdisciplinaridade, pois supõe vários requisitos básicos. O primeiro, consiste na disposição pessoal em unir o particular com o universal, ou seja, em buscar na singularidade do saber específico os pontos de abertura que possibilitam a construção de um saber mais abrangente, que permita uma compreensão maior da realidade socioambiental. O segundo, num movimento de sair-de-si e ir ao encontro do outro para aprender, ouvir, partilhar e confrontar as experiências acumuladas do saber científico particular de cada ciência, abrindo-se ao pluriverso de outros campos do conhecimento. Mesmo mantendo a especialidade e a consciência dos limites do saber particular, a pessoa deve estar disposta a dialogar com outros campos de saberes, confrontando seus programas e conteúdos disciplinares. É nesse permanente, e muitas vezes conflituoso, confronto de conteúdos que nascem as sementes do processo de construção da interdisciplinaridade. O que era impossível outrora, agora, pelo acesso e confronto de saberes particulares, passa a encontrar pontos de abertura que possibilitam compreender os desafios tão complexos da realidade socioambiental. O terceiro pode ser denominado de "solidariedade não-pretensiosa". A utopia de uma interdisciplinaridade universal, envolvendo todos os campos dos saberes, é uma pretensão tão ambiciosa e sonhadora que dificilmente se realizará nos meios acadêmicos. A interdisciplinaridade solidária não pode ser generalista, mas deve manter a seriedade do saber científico, abrindo-se às áreas das ciências onde é possível dialogar. A preocupação de fundo não deve ser quantitativa, mas qualitativa. Não será o número grande de saberes específicos que garantirá uma base sólida para a construção da interdisciplinaridade, mas, ao contrário, a qualidade, a abertura desses saberes e a racionalidade ou cosmovisão dos agentes condutores do processo.

A conclusão a que chegamos é que dificilmente concretizaremos a interdisciplinaridade na universidade se não passarmos por um processo de mudança de mentalidade (metanóia) de nossa cosmovisão. Pensar a interdisciplinaridade com pressupostos individualistas, fragmentários e departamentalmente corporativista é uma falácia contrária ao pensamento unitivo e integrador.

Sem um equilíbrio entre as racionalidades que marcam profundamente os saberes científicos, provavelmente não construiremos um processo de interdisciplinaridade. Enquanto houver um abismo entre as racionalidades antes mencionadas, dificilmente a questão interdisciplinar encontrará guarida em nossas instituições de ensino e pesquisa. A permanente busca de um saber mais interdisciplinar, a abertura e o desejo renovado de aprender com as diferenças são os requisitos fundamentais do processo de construção da interdisciplinaridade no meio acadêmico de ensino superior.

De todos os pressupostos acima mencionados, talvez os que mais favoreçam a construção da interdisciplinaridade são o ecológico e o da solidariedade, embora todos os demais sejam necessários. Tratando-se do pressuposto ecológico, a água é sem dúvida a vertente onde a interdisciplinaridade poderá ser construída mais transversalmente, pois pelo seu conteúdo abrangente, envolvendo abordagens que vão desde os aspectos científicos até o mais trivial da sobrevivência cotidiana, favorece um diálogo maior entre as ciências da terra, da vida e dos diversos campos de saberes sociais, humanísticos e teológicos. O caminho das águas que nasce geograficamente numa dimensão particular do espaço, com características puras e cristalinas, vai adquirindo ao longo do seu trajeto territorial uma amplitude maior pela solidariedade dos afluentes e o rompimento de barreiras relacionadas com o relevo e a vegetação, perdendo no seu percurso a pureza e a limpidez original por acolher as impurezas dos ambientes antropizados. Mesmo assim, a água continua a sua trajetória até o encontro com uma dimensão mais ampla e universal do espaço, o oceano.

Esta realidade do caminho das águas nos ajuda a pensar a construção da interdisciplinaridade, que nasce muitas vezes de maneira pequena e localizada num campo do conhecimento científico e aos poucos vai se ampliando com o diálogo e o espírito de solidariedade de outras ciências, enfrentando os obstáculos das poluições oriundas dos egoísmos corporativistas e da ausência de uma cosmovisão mais integradora da realidade, porém, alimentando a esperança de alcançar horizontes mais amplos, onde os saberes se encontram e se complementam, permitindo uma compreensão maior da realidade socioambiental.

Este caminho das águas foi evidenciado no seminário interdisciplinar que acabamos de realizar na PUC-Rio. A temática da água, pelo seu caráter de transversalidade, conseguiu reunir pela primeira vez na Universidade, de maneira espontânea e criativa, doze departamentos pertencentes aos três centros, a saber: Centro de Ciências Sociais, Centro de Teologia e Ciências Humanas e Centro Técnico-Científico. Esta experiência nos ensinou que, mesmo conservando as fronteiras, os conteúdos e as metodologias próprias dos saberes científicos específicos, o diálogo interdisciplinar é também possível e desejável, sobretudo quando se trata de conteúdos de interesses múltiplos, onde o saber científico, a experiência sociocultural e as interpelações éticas do indivíduo e da sociedade se encontram imbricadas e sedentas de busca de soluções de interesse comum e universal.

Referências bibliográficas

GÓMEZ-HERAS, Jose Maria. *Ética del Medio Ambiente*. Madrid: Editora Tecnos, 1997.
GONZÁLEZ-GAUDINO, Edgar. Otra lectura a la historia de la educación ambiental en América Latina y el Caribe. In: *Desenvolvimento e Meio Ambiente*, Curitiba-PR, UFPR, n.3, pp. 141-158, 2001.
LEFF, Enrique. *Saber Ambiental*. 2.ed. Petrópolis: Editora Vozes, 2002.
SIQUEIRA, Josafá Carlos de. *Ética e Meio Ambiente*. 2.ed. São Paulo: Editora Loyola, 2002.

Apresentação

Versando sobre as águas

Denise Pini Rosalem da Fonseca

Constitui já uma tradição do Núcleo Interdisciplinar de Meio Ambiente da PUC-Rio realizar a cada ano um evento, no contexto de celebração da semana internacional do meio ambiente, cujas principais funções são reafirmar o nosso compromisso e visibilizar a nossa perspectiva em relação à questão ambiental. Entretanto, por se tratar de uma tradição relativamente jovem, posto que de existência o NIMA/PUC-Rio conta apenas cinco anos, suas características fundamentais estão ainda em processo de definição, o que nos permite, neste momento, apenas apontar algumas das suas tendências gerais.

Em primeiro lugar — e principalmente — o NIMA tem funcionado como uma espécie de ponta de lança na vivência da interdisiciplinaridade na PUC-Rio, não apenas através da sua estrutura de funcionamento regular — que congrega representações de três Departamentos do Centro de Ciências Sociais — mas também, através da concepção interdisciplinar das suas atividades de extensão, pesquisa e publicação. Neste contexto, o evento anual promovido pelo NIMA vem afirmando um formato definitivamente abrangente e inclusivo, ao pautar temas para a discussão que permitem abordagens das mais variadas áreas de conhecimento. Este é o caso desta publicação, cuja construção possibilitou o encontro de mais de uma dezena de profissionais de distintas formações, para que juntos pudéssemos versar sobre as águas, revelando para nós mesmos — e para tantos outros — por onde anda a nossa capacidade de compreeensão.

Para além disso, e com não menor importância, o NIMA/PUC-Rio vem trabalhando na perspectiva de ampliar a participação da Universidade em redes maiores, fortemente ancorado na determinação de encontrar os meios de pensar e agir localmente para contribuir na esfera global, preservando as especificidades da nossa identidade regional. Neste sentido, articular o evento de 2004 com o tema da Campanha da Fraternidade da CNBB deste ano — "Água: fonte de vida" — através da parceria estabelecida com o Centro de Teologia e Ciências Humanas da PUC, cujos interesses coincidiam com os do NIMA, buscou reforçar os nexos existentes, ou a serem estabelecidos, entre o nosso fazer acadêmico — a nossa reflexão — e as nossas práticas cotidianas concretas, afim de que a nossa práxis seja cada vez mais sustentável, pluralista e transformadora.

Mas, por que o nosso fazer em relação à água — como também em relação a todo o resto do criado, incluídos os seres humanos — deve ser sustentável, pluralista e transformador? Para respondê-lo, ajuda muito ler este livro. Não como quem lê um romance, buscando conhecer alguns personagens, identificar alguns cenários e antever o desfecho de uma trama previsível, ou não. Se fosse assim ele seria óbvio e inócuo! Mas ele é transformador! Este é um trabalho para ser lido como um mapa, como um roteiro de percurso, uma espécie de código secreto que aqui e ali vai abrindo pistas, vai marcando aberturas, revelando passagens estreitas e quase imperceptíveis, porém, muito valiosas. A chave de leitura desta obra é a observação das recorrências de temas e conceitos, da complementaridade das narrativas e da presença do silenciado.

Seus autores, surpreendentemente, apresentaram uma marca comum: escreveram emocionados, levados pela Graça, permitindo-se envolver por correlações inovadoras e ousadas, que os deixaram às vezes pouco confortáveis no interior da academia. Talvez tenha sido esta a razão para que fizessem tantas notas de pé de página, tantas referências bibliográficas, tantas considerações para sustentar hipóteses que mais parecem produtos de intuição ou de revelação. Talvez tenha sido esta a razão para que tenham escrito de forma tão inspirada e bela, tão assumidamente livres de amarras, tão abertamente religiosos e pluralistas. Outros, vindos de formações mais humanistas, e muito mais acostumados à contemplação, ousaram no sentido de oferecer proposições operativas no que se refere às nossas práticas acadêmicas, religiosas, culturais e sociais. Todos, sem

Apresentação

exceção, deixaram pistas, fizeram escolhas, revelaram outras possibilidades. O que se pode perceber é que o tema água é definitivamente fonte de vida e que o seu valor sagrado aparece claramente a partir de todos os lócus de enunciação!

A estrutura desta coletânea está dividida em três partes. Principiamos com textos de caráter mais religioso ou cultural, ou que caminhassem na confluência destas duas perspectivas.

A idéia aqui é oferecer uma revisão do valor sagrado da água em diversas tradições ancestrais, com ênfase na tradição judaico-cristã.

Em "As águas na tradição judaica", Evaristo Miranda nos aproxima dos conteúdos ligados à água na cultura dos "nossos irmãos maiores" — o povo hebreu. Ele nos ensina que nela a palavra "águas" — um conceito invariavelmente plural — está ligada às idéias de mãe e matriz, ou seja, ao conceito "incriado" — a existência primordial da qual surge todo o universo. A pluralidade das águas se relaciona diretamente com a pluralidade de "faces", pelo efeito de espelhamento, e por oposição ao valor simbólico do deserto — a ausência das águas. Muitos destes conceitos, verdadeiras chaves para entender a cultura ancestral judaica, serão mais tarde retomados e ampliados, para outras tradições religiosas e culturais, nos trabalhos de Maria Clara Binguemer, Denise Fonseca e Denise Portinari.

Lina Boff, em "A voz do espírito nas águas", aprofunda as reflexões sobre os significados ancestrais associados às águas, seu valor de purificador e de expressão da fé, propostos por Eduardo Miranda, deslocando a ênfase da sua contribuição para a tradição cristã. Neste artigo, a autora trata das dimensões material, simbólica e espiritual das águas, remetendo-se particularmente aos textos das Escrituras Sagradas, do Gênesis ao Novo Testamento.

Trilhando o mesmo percurso, e abrindo espaços para discutir o valor simbólico e religioso das águas em outras tradições ancestrais, Maria Clara Binguemer, em "O imaginário religioso das águas", nos propicia um mergulho nos conteúdos das águas batismais da tradição cristã. A este propósito, a autora vai mais além e aceita o desafio de versar sobre a tensão entre a questão da vocação e o estatuto eclesial dos cristãos ditos "leigos", a ser enfrentada por uma Igreja que se propõe a navegar em águas mais profundas.

Finalizando a primeira parte, Denise Fonseca nos fala sobre o simbolismo das águas em uma das tradições afrodescendentes brasileiras em "Caos, criação e corpo: elementos do simbolismo aquático, consubstanciados na maternidade de *Iemanjá*". Buscando funcionar como uma espécie de "ponte" entre as culturas iorubana e católica brasileiras, este texto explora três conceitos — caos, criação e corpo — todos eles associados à água na tradição nagô, a partir do orixá feminino Iemanjá, cujas representações são a própria água (mãe d'água), o milho (mãe terra) e o peixe (mãe divina).

A segunda parte desta coletânea apresenta um conjunto de cinco textos, cujo eixo central se assenta sobre os aspectos relativos à ética e às perspectivas existenciais ligadas às águas. Este segmento se abre com uma discussão sobre valores éticos relativos às águas, proposta por Josafá Siqueira, SJ em "A problemática ética da água: valores e contravalores". Neste artigo o autor trata da problemática dos recursos hídricos e o crescente escasseamento do acesso à água, analisando valores e contravalores com os quais operamos em relação a esta questão. Suas reflexões apontam para a necessidade de adoção de uma racionalidade axiológica que propicie, entre outras coisas, mudanças importantes nos padrões comportamentais de uso e reúso da água.

Em "A água: elemento primordial", Danilo Marcondes discute o papel que a água ocupa na nossa tradição de pensamento — assim como na nossa concepção de natureza — tomando-se a água como origem de todas as coisas, uma idéia de Tales de Mileto apropriada pelos filósofos pré-socráticos. A partir daí, o autor demonstra como ética e concepção de natureza compartilham elementos fundamentais, ao discutir aspectos relativos a qualidade de vida, a responsabilidade e a relação entre ética e política.

Também refletindo sobre a relação entre ética e política, no que tange às águas, André Marcelo Soares, Benigno Sobral e Walter Piñeiro, em "Aspectos bioéticos no uso da água", fazem uma avaliação da possibilidade de que os recursos essenciais disponíveis — dentre eles a água — se tornem escassos em um futuro próximo. A partir do quadro que descrevem, os autores propõem que qualquer consideração sobre a ética das águas deve levar em conta "o 'direito' que outros seres, não só os humanos, têm de consumir água, bem como o 'direito' que as gerações futuras possuem, da mesma forma que a atual, de usufruir a utilização de água".

Avançando no sentido de perspectivas mais existenciais e subjetivas, Alvaro Gouvêa, em "Água de poço: da materialidade do devaneio", faz uma reflexão sobre as águas, buscando percebê-las na relação dialética entre o Eu e o Inconsciente. Associando "água" e "poço", o autor nos apresenta uma "dialética imaginária estabelecida entre as águas arquetípicas da psique e as águas encontradas na terra", utilizando como material de reflexão a obra de Clarice Lispector. As metáforas exploradas são "água da vida" e "água depressiva", onde frases como "cheguei ao fundo do poço" permitem falar de um indivíduo que alcança "a extensão e o limite de sua viagem interior".

Para fechar esta segunda parte volta Evaristo Miranda com outras versões sobre as águas em "A água na natureza, na vida e no coração dos homens", estabelecendo pontes entre o homem e a natureza e contando algumas histórias desta relação. Este seu artigo estabelece um contraponto interessante com os trabalhos de Josafá Siqueira, SJ e de André Marcelo Soares *et alli*, no que se refere aos dados selecionados para a defesa dos argumentos dos autores e sua interpretação. Para além das enriquecedoras diferenças de perspectiva, o que se apreende é a unanimidade sobre o valor maior para a humanidade que paira sobre as águas. Como diria Miranda, "o homem é o único animal capaz de distinguir a água comum da água benta".

Para completar esta coletânea, começamos "Outras Perspectivas", sua terceira e última parte, com uma seleção de artigos jornalísticos publicados por André Trigueiro na mídia carioca entre maio de 2003 e janeiro de 2004, intitulada "Água: uma visão sistêmica". Esta coleção de textos ilustra o afazer diário daqueles que militam pela utilização racional e pela preservação dos recursos hídricos da região. Nela aparecem também conceitos novíssimos, como o de "água virtual", e se discutem boas práticas, como o reúso das águas de chuvas para fins nãonobres.

A isso se segue uma discussão sobre o impacto das chuvas ácidas sobre a Mata Atlântica, oferecida por Rogério Oliveira em "Chuvas, Mata Atlântica e a cidade do Rio de Janeiro". Neste artigo o autor descreve a relação da floresta com a cidade no que tange às águas, começando por rever a história do abastecimento de água da cidade. Em um segundo momento, ele discute o papel da Mata Atlântica na redistribuição das águas pluviais e na estabilidade das encostas da cidade do Rio de Janeiro e termina seu trabalho detalhando os mecanismos de contaminação da mata por emanações atmosféricas geradas pela vida urbana.

Finalmente, transportando o eixo do debate sobre as águas para o campo do estético, Denise Portinari, em "As águas e o homem", nos fala das águas enquanto um "lugar", segundo o apreendido nas obras literárias de Guimarães Rosa e Fernando Pessoa. Tomando as águas como uma espécie de "paraíso perdido no imaginário", como o "lugar dos lugares" ou como um "outro lugar", este artigo propõe "uma estética das águas, ou uma reflexão a partir de suas representações e ressonâncias no imaginário humano", como meio de preservação deste recurso consubstancial ao homem.

Conduzida por comparáveis considerações de ordem estética, agora no campo do desenho, Ana Branco, em "Águas coloridas que desenham a vida do corpo na terra", nos relata a experiência do Biochip, um grupo de pesquisa e desenho, que investiga as cores e a recuperação de informações matrísticas, através do desenho com materiais "que recordam a beleza do universo", como areias, argilas, frutas, hortaliças e sementes. Estes "modelos vivos", como os denomina a autora, — sejam eles abacates, cenouras ou rabanetes — são utilizados como elementos para a construção de composições e desenhos. "Da interação desses modelos com o observador, são feitas leituras quanto às suas formas, cores, sabores, texturas e odores."

Apresentação

Após percorrê-lo, podemos dizer que, se há algo que se destaca neste livro, como uma conclusão comum daquilo que apreendemos a partir da nossa observação educada por arquivos de documentos, bibliotecas, trabalhos de campo ou em laboratórios de pesquisas, ou então, pela contemplação, meditação ou mesmo intuição, é que se não a sustentarmos, a vida se tornará insustentável; se não nos abrirmos para a pluralidade que há nela, nos isolaremos em nós mesmos, e se não nos transformarmos na nossa relação com a fonte da nossa vida, ela invariavelmente nos transformará, sem prescindir da nossa vontade ou co-autoria.

É por todas estas razões que o nosso fazer no NIMA tem sido norteado pela complexa vivência da alteridade, pela busca do encontro, pelo esforço de abertura para uma nova racionalidade no que se refere ao trato da questão ambiental — o nosso objeto — que é muito mais que o definido; que é mais do Outro do que nosso; que é mais sujeito que objeto.

Perspectivas Religiosas e Culturais

As águas na tradição judaica

Evaristo Eduardo de Miranda

As fontes judaicas

Para a tradição judaica e cristã, muita coisa surgiu e pode surgir das águas: um peixe, uma baleia, um batizado, um rumor, um Moisés, uma caravela, um alísio, uma esponja, um *tzadik*, uma âncora, uma rede e até moedas de ouro e prata. Dracmas e didracmas evangélicos, sorrindo dos cobradores de impostos na boca de um peixe pescado por Pedro (Mt 17, 12-27), costumam surgir milagrosamente das águas[1].

A simbologia das águas da tradição judaica foi sendo ofuscada, congelada e até evaporada, ao longo de dois mil anos, pela leitura sob a ótica cristã do Primeiro Testamento[2], do *Tanach*[3]. Os mistérios batismais e o Cristo pascal, autodenominado "água viva" e de cujo flanco brotaram sangue e água, foram os principais vetores de uma construção litúrgica, ritual e simbólica da experiência eclesial face às águas bíblicas. Os mistérios noáticos, pascais e grande parte dos encontros hídricos do Primeiro Testamento foram e são objetos de novas e interessantes releituras cristãs, ao tempo em que a originalidade do hebraico e da tradição judaica foi sendo apagada ou, pior ainda, imaginada como preservada, como por mumificação mutiladora.

As águas da língua hebraica e da tradição judaica alimentam mais de quatro mil anos de seiva criadora, circulando desde as raízes religiosas, percorrendo como Verbo do Alto, como Grandes

---

[1] Partes deste artigo resumem alguns capítulos do livro de minha autoria, *A Sacralidade das Águas Corporais*. São Paulo: Editora Loyola, 2004.
[2] A expressão "Primeiro Testamento" designa o que impropriamente chama-se de Antigo Testamento. O Segundo Testamento designa o Novo Testamento. Os dois Testamentos não são velhos, nem novos. São dois Testamentos do judaísmo e do cristianismo.
[3] Acrônimo formado pelas iniciais dos três principais conjuntos de livros da Bíblia hebraica: a *Torá* (Pentateuco), os *neviim* (profetas) e os *ketuvim* (escritos). O *Tanach* é composto de 24 livros: cinco na *Torá*, oito nos profetas (os doze profetas menores são contados como um só livro) e onze hagiógrafos.

Letras, os ramos da diáspora e do exílio, perfumando as chagas e as flores mais doloridas da história dos hebreus, até dar seus mais belos frutos na poesia, na liturgia, na mística, na *tsedaká*[4] e na vida social e cultural dos judeus. Nisso foram decisivos o verbo crucificado no papel, as pequenas letras, gravadas nas folhas alimentadoras da *Torá*, do *Talmude*[5], do *Midraxe* (Ketterer & Remaud, 1996) e de tantos outros escritos do judaísmo.

O anti-semitismo, historicamente, também impediu muitos cristãos de ver e desfrutar desse jardim aquático do Éden, mas nem tudo foi assim na Igreja católica. A Companhia de Jesus, por exemplo, manteve uma atitude positiva com relação ao povo hebreu, desde os corajosos posicionamentos de seu fundador, Santo Inácio de Loyola. Diante do início de investigações sobre a pureza do sangue dos cristãos-novos, indagado sobre a existência de sangue judeu entre os jesuítas, Santo Inácio de Loyola ficaria muito honrado se em suas veias corresse um pouco do sangue de Maria, a mãe de Jesus.

Tenia San Ignacio de Loyola, respecto a los judíos y los conversos, ideas que estaban en contradicción con las de muchos prelados españoles de su época y más en armonía con las de Alonso de Cartagena, Fray Alonso de Oropesa y los defensores de aquel linaje, cien años antes. Así, San Ignacio mantuvo una postura hostil a los estatutos de limpieza y a todo lo que éstos implicaban en el mismo momento de su máxima expansión. Repetidas veces dijo que él hubiera considerado gracia especial el venir de linaje de judíos (Baroja, 1961).

No Brasil, o padre Antonio Vieira[6] foi outro exemplo dessa atitude ecumênica e tolerante. Ele muito trabalhou pela admissão no reino de Portugal dos judeus foragidos e pela moderação das práticas da inquisição. Vieira sabia da importância do

---

[4] De forma simples, esta palavra pode ser traduzida como caridade.
[5] Do hebraico *Talmud*, estudo, ensino. Essa enciclopédia judaica reúne a doutrina e jurisprudência da lei mosaica, com explicações dos textos jurídicos da *Torá* (Pentateuco) e a *Mishná*, a jurisprudência elaborada pelos comentadores e sábios judeus entre os séculos III e VI.
[6] O Padre Antonio Vieira (1608-1697), "imperador da língua portuguesa", pregador jesuíta, nascido em Lisboa, veio para o Brasil em 1615. Autor de

convívio pacífico e respeitoso com os judeus e de sua contribuição social e econômica. Um trecho de uma das cartas do padre Vieira, endereçada aos judeus de Ruão na Holanda, datada de 20 de abril de 1646, ilustra essa postura jesuítica:

Senhores meus. Escrevo a todos VV. Mercês no mesmo papel, porque não é justo faça divisões a pena onde não reconhece divisão o coração. Foi tão igual a grande mercê que VV. Mercês me fizeram, e tão igual o afeto que em todos experimentei que, quando particularmente o considero, o que devo a cada um me parece maior, e assim não quero fiar a significação do meu agradecimento a diversas cartas, porque a diferença das palavras não argüa desigualdade na obrigação (Vieira, 2003).

Nos últimos cinqüenta anos, o Magistério da Igreja tem sido muito claro no sentido da necessária fraternidade entre cristãos e judeus e sobre a riqueza a explorar nas origens judaicas do cristianismo. As águas podem ser fator de união, para quem decide navegá-las e passar para a outra margem (Mt 8, 18; Lc 8, 18) ou de separação, para quem fica imobilizado na praia. Este artigo aborda o tema das águas, inspirado nas raízes judaicas do cristianismo e nas recomendações do documento papal *Memória e Reconciliação*. Ainda hoje, para a mística judaica e cristã, o encontro com as águas está destinado, não a saciar, mas a ampliar a sede do Infinito, do Insondável, do Uno.

Águas: um encontro de texto e palavras

Para a tradição judaica, das águas pode surgir um universo. No relato bíblico da criação (Gn 1), Deus cria os céus, a terra,

---

alguns dos mais belos sermões em língua portuguesa, teve grande ascendência sobre o rei João IV de Portugal. Em missões diplomáticas prestou relevantes serviços a Portugal, quando das invasões holandesas no Brasil. Aqui, estabeleceu núcleos missionários na Amazônia e conseguiu da Corte a expedição de lei contra a escravatura indígena no Maranhão. Por várias vezes defendeu os judeus. Foi processado pela Inquisição em Portugal, preso em 1665. Em 1681 retornou à Bahia, onde veio a falecer, após novo período de atividade.

a luz... Sua palavra não cria as águas. Para alguns místicos do judaísmo, elas já existiam. Precederam a criação. De onde surgiram?

As águas não são mencionadas de forma explícita no Gênesis, conhecido como *Bereshit*[7] pelos judeus. As águas são como pressupostas na criação, refletindo as faces de *Elohim*[8]. O mundo criado, Deus mobiliza e usa as águas para fazer barro com o pó da terra e modelar o humano. Nobre propósito. Daí em diante, as águas seguirão sendo convocadas pelo divino e pelo humano ao longo de todo o texto bíblico. Das 664 citações ou empregos da palavra água na Bíblia, 591 ocorrem nas úmidas páginas do Primeiro Testamento. No Segundo Testamento são apenas 73 citações, onde ocorrem episódios fortes, belos, poéticos, trágicos, cômicos, sinistros, românticos, miraculosos...

Nessas quase 600 citações do Primeiro Testamento estão, entre muitos episódios, o das águas brotando no deserto para salvar a escrava e concubina de Abrão, Agar e seu filho; as águas infinitas do dilúvio (*mabul*); as do orvalho, das chuvas e tempestades bíblicas; as águas dos rios (Mesopotâmicos, *Yaboc,* Jordão...) atravessadas por homens caminhantes e passantes (*ivrim*); as águas das emersões (Moisés no Nilo); das imersões (Jonas); as das transmutações (água transmutada em sangue, em amargura); as águas partidas e separadas como muralhas na travessia do Mar dos Limites (*Yam Suf*), do Mar Vermelho; as das nascentes, cister-

---

[7] Origem, início, começo, princípio, *bereshit* em hebraico, *arké* em grego, o arquétipo, nossa inserção. *Bereshit* é a primeira palavra do *Tanach* e também o nome do primeiro livro da Bíblia (Gênesis). É empregado substantivamente uma única vez na Bíblia. A riqueza desta palavra hebraica é demonstrada pelos milênios de exegese que ainda não esgotaram seus significados. Sua composição é a seguinte: *Be* = em; *rosh* = cabeça; *it* = desinência que dá um sentido abstrato à palavra. *Réshit* significa "começo, parte inicial, princípio". A palavra diz "Em princípio" e não "No princípio". A ausência de artigo indica um estado construído. Trata-se de uma palavra deliberadamente criada.
[8] Primeiro nome divino escrito na Bíblia, o Deus dos hebreus, o criador dos céus e da terra, conhecido pelo nome próprio הוה (Gn 2, 4). O nome *Elohim* soa como um plural de *El*, designação semítica de Deus. Evoca um passado de politeísmo. É um paradoxo que o Deus único dos hebreus seja designado na Bíblia com um nome plural, homônimo de deuses.

nas e poços (*Berot, Ber Sheba,* Jacó...), fontes de alegrias, namoros, guerras e disputas; as águas em gotas, copos, jarras, vasos e bebedouros; as águas das abluções cultuais e rituais (lavando pés, corpos, mãos, rostos, entranhas de animais, vestimentas, etc.); as raras águas das secas decretadas por profetas... e tantas outras.

E as águas terrestres são, também, águas corporais. Depois da tragédia do jardim do Éden, o humano deverá ganhar o pão com as águas salgadas do suor da sua fronte, uma forma de santificação. A mais santa das águas será sempre fruto de dons pessoais e entregas corporais. Santificação, contaminação e imaculização, sempre possível e presente em todas as secreções líqüidas e humanas: saliva, esperma, sangue menstrual, lágrimas, urina e suor. Todas essas secreções estão mobilizadas pelo divino, pois vêm de uma única fonte de águas primordiais, origem da maleabilidade do barro humano.

Em hebraico não existe a palavra água, no singular. Elas são sempre plurais: águas, *maim* (*mem-iud-mem*), cuja pronúncia lembra, em português, a palavra mãe. Há algo de ambigüidade, de ambivalência, nessa pluralidade hídrica, nesse "agá dois ó", nesse *mem* dois *iud,* como em todo envoltório materno. As águas matriciadoras, uterinas e misericordiosas (*rahamim, rehemim* em hebraico), essas fontes da vida também matam, afogam, inundam e destroem. Podem ser fontes de morte. As águas de fontes murmurantes, límpidos regatos, orvalhos reluzentes, chuvas abençoadas e criadeiras, são as mesmas das tempestades, trombas d'água, inundações, nevascas, maremotos e *tsunamis,* aquelas vagas imensas produzidas por terremotos submarinos ou erupções vulcânicas.

Duas águas face a face

Para a tradição mística judaica existem, na origem de tudo, duas águas: as de baixo e as de cima. Viviam juntas, integradas, unas, placidamente. No *tohu-et-bohu*[9], na desordem e no vazio,

---

[9] Expressão hebraica do Gn 1, 2 traduzida em geral como "desordem e deserto", "deserto e vazio".

no assombro e na admiração (Gn 1, 2). Em hebraico, *tohu* (*tav-hei-vav*)[10], segundo Rashi[11], traduz o assombro e admiração do homem quando fica surpreso e confuso pelo seu vazio, pelo vazio do mundo (*Chumash*, 1993). O assombro do vazio. Já *bohu* (*beit-hei-vav*) é uma expressão hebraica de vazio e desolação. Essas expressões estão no início do relato bíblico da criação (*beit*), no livro do Gênesis, o *Bereshit*. Para a tradição judaica, a palavra *bereshit* contém toda a Torá! O sopro de Deus planava eroticamente sobre as faces das águas, *alpani hamaim*, diz textualmente o hebraico da Torá (Gn 1, 2).

Faces?

Como as águas, as faces também são sempre plurais, em hebraico. E as faces bíblicas (*panim*) não são apenas fachadas, metades de um rosto, caras exteriores, caras-metades ou aparências superiores ou inferiores. São faces internas, viscerais, intestinas[12]. A palavra "faces" dá origem, em hebraico, ao verbo voltar-se, tornar-se, dirigir o olhar ou a consideração para algo, o equivalente em português de facear. Como na expressão divina dirigida a Adão, "*Adam*, volta-te para o pó ou ao pó voltarás". Considere, dirige teu olhar, tua inteligência para o fato: és pó, terra, *adamá*[13]. Consideres que és pó! Uma reflexão muito distante do tom de sepultura das leituras superficiais dessa passagem do *Bereshit* (Gn 3, 19). Evoca a contemplação, a inteligência da fé e a sacralidade do Humano e da Terra.

O face a face divino-humano é sacralizante. As faces hebraicas, duplas e plurais, sinais de alteridade relacional, são como

---

[10] Para um melhor entendimento da grafia das palavras hebraicas, ver o alfabeto hebraico no Anexo.
[11] Rabi Shlomo ben Itzjak, mais conhecido por suas iniciais como RASHI, é considerado o mais ilustre e popular dos comentaristas da *Torá* e do *Talmud*. Sua influência foi decisiva na continuidade da cultura judaica durante o século XI.
[12] Intestino, *pnimi* (*pei-nun-iud-mem-iud*).
[13] *Adamá*, em hebraico: terreno, gleba ou ainda terra vermelha; *adôm*, vermelho; *dam*, sangue; *Adam*, o primeiro humano, significa etimologicamente "humano vermelho" ou o terroso arruivado. No Oriente, as argilas mais férteis e plásticas são as vermelhas. Homem e húmus ou terreno e terroso contêm a mesma relação lingüística que *Adam* e *adamá*.

folhas de janelas azuis numa branca e reluzente casinha do sertão brasileiro. Elas unem interior e exterior, abrem para os dois lados, como as verdadeiras janelas. Para o úmido e para o seco, para a terra e para a água. Como o alfabeto hebraico, onde a cada letra corresponde um valor numérico. As letras hebraicas são construídas a partir de três realidades geométricas: o ponto, a linha e o plano. Por extenso, *iud* escreve-se em hebraico (*iud-vav-dalet*). O *iud* é um ponto, *vav* uma linha e *dalet* um plano. A palavra *iud*, em suas letras, *iud-vav-dalet*, se desdobra em ponto-linha-plano. A palavra *guematria*, tão cara à cabalá[14], vem do grego, geometria. Existe uma leitura, uma visão geométrica das letras hebraicas, anterior mesmo ao sentido das equivalências numéricas do alfabeto. Existem muitos segredos nas letras hebraicas emersas das águas e tintas dos escribas. Podem escapar de traduções e tradutores.

O espelhismo dual e aquático aparece na própria palavra *maim* (*mem-iud-mem*). Ela se escreve com três letras, com um *mem* de cada lado do *iud*. Da direita para a esquerda e da esquerda para direita pode-se ler *ma* e *mi*, os pronomes interrogativos "o que?" e "quem?" em hebraico. No centro, matriciado como num útero, está o *iud*.

A letra *mem* se apresenta sob duas formas no alfabeto hebraico, sob duas geometrias. As duas grafias do *mem*[15] são um símbolo das matrizes das águas primordiais, uma aberta e outra fechada. As águas, como a palavra *maim*, contêm um *iud* no coração de seu segredo. O *iud*, como um grão de mostarda, é a menor das letras do alfabeto hebraico. As energias aquáticas são inseparáveis da potência do *iud*, dessa semente, de onde elas germinam. As águas primordiais e matriciadoras são reve-

---

[14] O Verbo Celeste, nas sagradas escrituras, é verbo crucificado no papel. Para a mística da *cabalá* existe uma energia semântica, um simbolismo espiritual associado à grafia de cada letra hebraica. A palavra *cabalá* vem do hebraico *qabale*, do verbo *leqabel*, receber. A sabedoria da *cabalá* dirige-se ao interior do homem, ao seu desejo e vontade de receber a Plenitude Infinita, a Luz, *Kadósh Baruch Hú*, o Santo Criador, o Incriado.

[15] Em hebraico existem duas grafias para a letra *mem*: uma para quando a letra encontra-se no início ou no meio de uma palavra e outra quando a letra ocupa a posição final, o *mem* final, assemelhada a um quadrado.

ladas na Torá, antes mesmo do dia Um, antes que o Verbo de Deus tenha começado a "dizer".

Ao planar sobre águas, o Espírito, Sopro Divino, *Ruach HaKodesh*, as preenchia de sua potência paterna e as cobria como mãe, para delas fazer surgir toda a Criação: o arquétipo Pai-Mãe é um princípio de Unidade. Desde o "dia segundo" manifesta-se o princípio da dualidade, da separação das águas, em águas de cima e de baixo, chamadas de *mi* e *ma* pela tradição oral.

Um humano de águas, terra e letras

A letra *mem* enquadra em hebraico a palavra águas, mas indica também a origem, a proveniência, *mi* em hebraico. Por exemplo, para dizer: "eu sou do Brasil", diz-se em hebraico: *ani miBrasil* ou *miIsrael* ou *miLublin*. Uma palavra hebraica e um lugar, oposto e antagônico ao das águas, é o deserto. A palavra deserto, em todo o Tanach, evoca realidades históricas, experiências divinas, campos de revelação e uma grande densidade espiritual. Em hebraico, a ausência das águas, o deserto, *midbar*, significa textualmente "da Palavra", *miDavar*, proveniência e origem da palavra, da Torá, da Revelação.

Mi e *ma*, "quem?" e "o que?". "Quem" é Deus? "Quem" é *Elohim* (*alef-lamed-he-iud-mem*)? Ao dividir-se essa palavra em duas tem-se uma primeira resposta. Ele é "Aquele", *eile*, (*alef-lamed-he*) que está nas alturas (*mi – mem-iud*). Ele também fez "o quê" (*ma – mem-he*) em baixo: Adão, *adam* (*alef-dalet-mem*). Os místicos do judaísmo contemplam na palavra Elohim (*alef-lamed-he-iud-mem*) o "Homem Superior, das Alturas" e em Adam (*alef-dalet-mem*), o "homem inferior, de baixo".

Os dois nomes, *Elohim* e *Adam*, estão contidos pelas mesmas duas letras *alef* (no início) e *mem* (no final). Essas duas letras evocam em hebraico a palavra mãe, *em* (*alef-mem*). No Nome, *Elohim*, Deus é Mãe, matriz e carrega em seu seio as três letras *iud-he-lamed*, cujo valor numérico total é 45 (30+5+10), o mesmo de *Adam* (1+4+40), segundo o valor semântico das letras hebraicas[16]. Sobre isso, muito refletiu a mística judaica.

---

[16] Confira o Anexo.

Essas três letras, *lamed-he-iud*, como um coração da palavra Deus, expressam a vocação de *Adam*. Ele deve deixar-se guiar (*lamed*) do *he* para o *iud*, para levar todo o cosmos do *he* ao *iud*. O *Adam* é chamado como uma mãe a parir-se, a dar a luz a si mesmo (Miranda, 2000, capítulo 2), continuamente, sucessivamente, de terra em terra, de *adamá* em *adamá*, de águas em águas, como na história do povo de Israel. O *dalet*, no coração de *Adam* (*alef-dalet-mem*), é o símbolo das portas (*delet*, em hebraico) pelas quais o homem deve passar para realizar-se, até o último lugar (*maqom* – *mem-quf-iud-mem*), a terra derradeira, Deus.

Em *Adam*, o Homem é um ser feito de vapor (*ed*) (*alef-dalet*), um dos estados das águas, desejo. O Humano é também uma outra realidade líqüida, um Homem de sangue (*dam* – *dalet-mem*). Esse sangue, unindo desejo e necessidade, os mistérios cristãos apresentam numa progressão simbólica das águas ao Espírito (Jo 5, 8). O sangue, essa vida líqüida, em hebraico, é a base e a raiz de várias palavras: *demut* (*dalet-mem-vav-tav*), a semelhança (Gn 1, 26), vocação final do Homem pelo mistério do seu sangue; *dami* (*dalet-mem-iud*), a porta (*dalet*) do *mi* (*mem-iud*), o silêncio, o calar, o repouso e a tranqüilidade de quem se situa ou chega a outro patamar nesta existência[17]. O valor numérico de *mi* (*mem-iud*) é 50 (40+10) e evoca na cabalá a entrada na outra dimensão, o número seguinte da realização, da plenitude do 49 (7x7).

Deus criava a partir do quê? De que *ma*? De que origem? De que procedência, de qual *mi*? Do nada? Uma dimensão que não era ou onde não estava Deus? Ele não estaria em toda parte, não seria tudo? Isso seria um absurdo. Na outra hipótese, Ele criaria a partir de algo já existente, e nesse caso seria mais modelagem do que criação. A cabalá tem uma intuição sobre essa aparente contradição, sobre a qual tantos já se debruçaram: o *tzimtzum*, a contração. Deus estava em tudo e era tudo, o Absoluto. No

---

[17] Dentre muitas palavras hebraicas, em *dumah* (*dalet-mem-he*) tem-se a porta (*dalet*) do *ma* (*mem-he*), a calma, a tranqüilidade e, no limite, a simulação (*demê*) de um túmulo; em *damah* tem-se o verbo parecer, assemelhar-se; em *dema* (*dalet-mem-ain*) tem-se a palavra lágrima, o sangue (*dalet-mem*) do olho (*ain*).

momento da criação, Ele se contraiu. Para dar espaço à criação, para dar espaço ao outro, como na relação amorosa, Ele se retira, se contrai. Para os cristãos, essa contração paradoxal irá até o ponto de caber num útero, numa matriz materna, através do mistério da encarnação (*kenose*).

A raiz *mi* expressa o mundo divino, as águas de cima, que se contraíram numa totalidade, num todo, num tudo, *kol* em hebraico, também de valor 50 (*caf-lamed* = 20+30). O mundo do *mi* é o mundo dos arquétipos e das realidades escatológicas. É o valor jubiloso da letra *nun*[18], da entrada em outras dimensões, da passagem das sete semanas após *Pessah*, páscoa, e das celebrações de *Shavuot*, da festa das semanas e também do jubileu festejado a cada 50 anos. No sexto dia da criação, o primeiro Adam, o Adão, *Hadam* (*he-alef-dalet-mem*) também corresponde à energia do 50 (5+1+4+40).

Um firmamento de águas

O crepúsculo é sempre uma passagem, entre luz e trevas. É um lugar adequado ao humano. Os místicos sabem: para os não-preparados, a luz total cega tanto quanto as trevas totais, como a falta absoluta de água ou sua abundância, capazes de matar por sede ou afogamento. Na origem, Deus foi instaurando suavemente uma certa temporalidade.

Um pouco assustada, a criação foi deixando as dimensões da eternidade, para cair no tempo e no espaço. Os dias dos hebreus começaram a ser contados a partir do entardecer. Essa tradição é seguida até hoje no calendário judaico e na liturgia judaica e católica. Os dias são designados no texto do Gênesis como segundo, terceiro, quarto, etc. O dia da criação da luz foi chamado dia um e não dia primeiro, como abusadamente

---

[18] Os nomes de Noé e Jonas estão estruturados em torno da letra *nun*. Noé, Noa (*nun-het*) na arca é como Jonas no ventre do grande peixe. Seu nome invertido, hen (*het-nun*) significa a graça, a misericórdia. Dessa raiz deriva o nome Ana, Hanah, aquela que obteve graça diante de Deus. Da mesma raiz vem o verbo *nahah*, conduzir (*nun-het-he*), e oferenda *minhah* (*mem-nun-het-he*), aquilo que é conduzido. A oferenda é a recondução do mundo do *ma* ou de uma parte ou partícula desse mundo ao do *mi*. Uma recondução.

escrevem alguns tradutores. Segundo a mística judaica, o Divino era único em seu mundo e os anjos só foram criados no segundo dia. Dia um, último dia uno.

No dia segundo, no dia do dois, em sua obra de dualidade, o Divino separa as águas com um firmamento, com uma lâmina, *raqia* (*resh-kuf-iud-ain*), uma camada sólida e firme entre as águas, no centro das águas. Através dessa operação de extensão, terminam separadas as águas de cima e as de baixo, o firmamento "represando" as primeiras. Segundo Rashi, há uma distância, um espaço entre as águas superiores e o firmamento, bem como entre o firmamento e as águas sobre a terra. Ou seja: as águas estão suspensas pela ordem, pela palavra do Rei (*Chumash*, 1993). Ele criou um face a face entre as águas, entre elas e o firmamento, um *vis-à-vis* aquático.

O firmamento, traduzido pelos LXXV[19] na Septuaginta por *stereoma*, significava suporte, matéria firme, de onde a genialidade de São Jerônimo ao adotar na Vulgata[20] essa palavra para traduzir *raqia*. Com o tempo, pelo latim eclesiástico, *firmamentum*, essa palavra adquiriu o sentido de abóbada celeste. Não era o sentido original desejado por São Jerônimo, nem pelo texto hebraico, como sinaliza André Chouraqui (1996).

Ao contrário do que pensam os astronautas, os céus bíblicos são úmidos e cheios de águas. Em hebraico, a palavra céus, *shamaim*, pode ser decomposta em: *sham* + *maim*. Textualmente, significa: lá (*sham*) tem águas (*maim*). Os céus são as águas superiores, conforme o relato do Gênesis 1, 6-7.

> Deus disse: "Que haja um firmamento (um teto) e que ele separe as águas das águas!" Deus fez o firmamento (o teto) e separou as águas inferiores do firmamento das águas superiores (Gn 1, 8).

---

[19] Tradução em grego da Torá, ocorrida no final do século III antes da era cristã para atender à comunidade judaica de língua grega, principalmente de Alexandria. Septuaginta, porque segundo a tradição lendária foram 72 estudiosos (6 de cada tribo de Israel) que traduziram a Torá para o rei Ptolomeu III Filadelfos.

[20] Do latim *vulgatus*, divulgado. Tradução latina da Bíblia feita por Jerônimo, que estudou hebraico com rabinos na Palestina. Foi concluída por volta de 405.

Sobre as águas...

Ele separa as águas sob e sobre o teto. A esse teto, chamará céus. A terra firme e seca, como o firmamento, imagem do consciente, emerge do meio das águas de baixo, imagem do inconsciente. Seco e úmido, consciente e inconsciente, duas dimensões a serem harmonizadas. É através de uma operação de concentração, do alinhamento das águas de baixo, sob os céus, em um único ponto, que o seco se faz visível, uma imensa pangea (Gn 1, 9). O alinhamento das águas, o Divino chamará mares e o seco, terra. *Elohim* diz: "A terra arrelvará de relva, ervas semeando sementes, árvore-fruto produzindo fruto por sua espécie, cuja semente traz em si sobre a terra" (Gn 1, 11). E é assim. A terra e o ar estão entre duas grandes massas de águas. Quando Deus decide escancarar as aberturas, as lucernas dos céus, os reservatórios do grande abismo despejam sua água aniquiladora sobre a terra. Foi assim no dilúvio, *mabul* (Gn 7, 11).

Da operação de extensão e concentração da criação surgem quatro elementos: águas superiores, céus, terra e águas inferiores (mares). As águas são a imagem da indiferenciação primordial. Na tradição judaica, a emergência da consciência exige extensão, separação e concentração das águas do inconsciente. O homem desperto e geocêntrico é um retrato da emergência do seco, iluminado pela luz celeste, pela energia dos céus.

Que está nos céus... e nas águas

Se *maim*, águas, é sempre plural, em sua multiplicidade, o mesmo ocorre em hebraico com a palavra céus, *shamaim*. Em hebraico, ao falar-se ou evocar-se as dimensões celestes, emprega-se sempre o plural. Não existe nessa língua, nem no texto do Primeiro Testamento, a palavra céus no singular. Os céus, *shamaim*, comportam vários níveis, várias potências, vários nomes e vibrações estruturantes, cuja totalidade é *Adonai*. Em inglês, os céus, *heaven*, não se confundem com o céu azul, o *sky*. Em português, quando se fala de "céu", tudo pode confundir-se. Alguém poderá até imaginar que, ao viajar de avião ou numa nave espacial, ficaria mais perto de Deus. Melhor pronunciar céus.

As águas na tradição judaica

Na maior das orações cristãs, a da filiação a Deus (Mt 6, 9; Lc 11, 2) utilizam-se seis palavras: Pai Nosso que estás nos céus. Em hebraico são duas: *Avinu* (Painosso) *shebashamaim* (noscéus). A palavra *shamaim*, céus, também pode ser decomposta em *shem* + *maim*. *Shem* significa o Nome, o Santo Nome. *Baruh haShem!*, dizem os judeus. Bendito seja o Nome! Entre o Nome e Deus, não há distância. Equivalem-se. Por isso, diz a oração do *Avinu*: "Santificado seja o vosso Nome". É o mesmo que dizer: Deus seja santificado.

Os cabalistas sempre viram nas "águas de cima" o princípio masculino da fecundidade: chuva, orvalho, esperma... em relação com as "águas de baixo", o princípio receptivo e feminino: mares, rios, lagos e oceanos, as matrizes, como o *ying* e o *yang*. As águas de baixo não ficaram vazias. Ali surgem as vidas, *haim* (*het-iud-iud-mem*), sempre no plural em hebraico, como os céus e as águas. "As águas pululuaram de uma profusão de seres vivos" (Gn 1, 20). Foi uma pululação superlativa e da maior alegria. E nunca mais os seres vivos viveram longe da água, principal matéria-prima de seus corpos. Eles habitarão as águas e serão por elas habitados.

A palavra hebraica *meged* (*mem-guimel-dalet*) significa o melhor e tem origem em *gad* (*guimel-dalet*), a sorte, a felicidade. Seu gérmen está em *dag* (*dalet-guimel*), o peixe, cuja energia semântica é sete (4+3). Peixes e águas são indissociáveis, mesmo se inconfundíveis. São plurais e abundantes, indiferenciados e multiformes. A dupla expressão: sentir-se como um peixe, dentro ou fora d'água, traduz duas possibilidades ou situações, que em si dizem tudo. E o peixe é um dos símbolos primazes do cristianismo.

Se os cristãos fizeram do peixe um dos seus símbolos, é porque ele era também o símbolo do próprio Cristo. Em grego, a palavra peixe, *Iktus*, é o anagrama da palavra Cristo[21]. Daí a presença de numerosas figurações de peixes nos monumentos cristãos como pias batismais, igrejas, túmulos, altares e até em

---

[21] Cada uma das suas cinco letras é vista como a inicial de palavras que traduzem Jesus Cristo, Filho de Deus, Salvador: *I* de *Iesus*, Jesus, *k* de *Kristos*, Cristo, *T* de *Theu*, Deus, *U* de *Uios*, Filho, *S* de *Soter*, Salvador.

evangélicos e reluzentes automóveis. Contudo, no *Tanach*, os peixes são mencionados entre as imagens de Deus proibidas aos israelitas: "Não vos corrompais fabricando um ídolo... imagem de qualquer peixe que vive nas águas sob a terra" (Dt 4, 16.18), mesmo se divindades em forma de peixe sejam desconhecidas em Canaã, Egito antigo ou Mesopotâmia.

Irmãos mais velhos

Esta pequena navegação sobre as águas evocou apenas algumas das simbologias do tema hídrico na tradição judaica, indissociáveis do hebraico e da mística das letras. Essa compreensão, quando ampliada, permite novas luzes nos episódios evangélicos, envolvendo a água. A fertilidade das águas une judaísmo e cristianismo desde a ruptura da bolsa no útero de Maria, tão evocada nos ícones das igrejas orientais.

Os vínculos espirituais que unem a Igreja ao judaísmo condenam toda forma de anti-semitismo e impõem o dever de uma melhor compreensão recíproca. É importante que os cristãos busquem conhecer melhor os componentes fundamentais da tradição religiosa do judaísmo e que eles aprendam por que traços essenciais os judeus se definem eles mesmos na sua realidade religiosa vivida.

Assim, em 1975, a Santa Sé exortava no documento "Orientações para a Aplicação da *Nostra Aetate*". Em 1986, em visita à sinagoga de Roma, o papa João Paulo II afirmou:

> Os cristãos devem se sentir irmãos de todos os homens; essa obrigação vale ainda mais quando eles se encontram diante daqueles que pertencem ao povo judeu (...) Qualquer um que encontre Jesus Cristo, encontra o judaísmo. A religião judaica não nos é "extrínseca", mas de certa forma intrínseca à nossa religião. Nós temos com ela relações que não possuímos com nenhuma outra religião. Vocês são irmãos prediletos, e de uma certa maneira poderíamos dizer: "Nossos irmãos mais velhos." Os judeus são queridíssimos de Deus que os convocou para uma vocação irrevogável (Frère Iohanan, 1997).

Originários da mesma fonte, os rios e riachos do judaísmo e do cristianismo, em seus diversos, divergentes, convergentes e múltiplos vales e caminhos buscam o mesmo, uno e infinito mar: o mar sem fim, a pátria da eternidade e dos dons celestiais. Como nos conhecidos versos de Fernando Pessoa:

Deus ao mar o perigo e o abismo deu,
Mas nele é que espelhou o Céu.

Referências bibliográficas

Chumash. São Paulo: Trejger, 1993. Com comentários de Rabi Shlomo Ben Itzjak.
BAROJA, Julio Caro. *Los judíos en la España moderna y contemporánea.* Madrid, 1961.
CHOURAQUI, André. *A Bíblia.* Rio de Janeiro: Imago, 1996.
FRÈRE IOHANAN. *Juifs et chrétiens d'hier à demain.* Paris: Cerf, 1997.
KETTERER, Eliane & REMAUD, Michel. *O Midraxe.* São Paulo: Paulus, 1996.
MIRANDA, Evaristo E. de. *Corpo. Território do Sagrado.* São Paulo: Loyola, 2000.
VIEIRA, Antonio. *Cartas do Brasil.* São Paulo: Hedra, 2003.
Comissão Teológica Internacional. *Memória e Reconciliação. A Igreja e as culpas do passado.* São Paulo: Loyola, 2000.

Anexo

N° de ordem	Letras		Valor
1	א	Alef	1
2	ב	Beit	2
3	ג	Guimel	3
4	ד	Dalet	4
5	ה	Hei	5
6	ו	Vav	6
7	ז	Zain	7
8	ח	Het	8
9	ט	Tet	9
10	י	Iud	10
11	כ	Kaf	20
12	ל	Lamed	30
13	מ	Mem	40
14	נ	Num	50

N° de ordem	Letras		Valor
15	ס	Samech	60
16	ע	Ain	70
17	פ	Pein	80
18	צ	Tzadi	90
19	ק	Kuf	100
20	ר	Reish	200
21	ש	Shin	300
22	ת	Tav	400
23	ך	Kaf-final	500
24	ם	Mem-final	600
25	ן	Num-final	700
26	ף	Pei-final	800
27	ץ	Tzadi-final	900
28	א	Alef-final	1000

A voz do espírito nas águas

Lina Boff

Premissa

A Água tem duas dimensões: a dimensão material e a dimensão religiosa. Na sua dimensão material a Água é um recurso hídrico, um bem natural, um bem que nos é dado gratuitamente. Nós não pagamos pela Água, mas pelo serviço que coloca a Água à nossa disposição para as nossas necessidades. Nós pagamos pelo serviço que ela exige para chegar até às pessoas e a toda a criação. A Água nos é dada, nos é doada.

É neste sentido que a Água é importante como um bem natural no seu todo, não só para o sustento, a higiene, a manutenção da vida material, biológica, espiritual, moral, psicológica. Não é só um recurso hídrico, mas é fator de ética da solidariedade. Por isso se insiste tanto em não gastar, porque ela quer chegar a todos os seres plasmados por Deus, a toda a criação. A Água é um elemento tão vital que sem ela não haveria vida de nenhuma espécie.

Aquilo que a Água tem de materialidade, de energia ética como símbolo é base para uma espiritualidade integrada e integradora de todos os valores da vida humana e espiritual. Aqui está a dimensão religiosa da água. Na sua dimensão religiosa a Água remete à espiritualidade de todas as religiões e nestas está presente com mais de uma significação simbólica. A Água é um fator de purificação, uma expressão da fé que a pessoa professa e uma fonte de vida que simboliza a vida espiritual que vem da única Fonte que é Deus, Fonte de toda a Vida. Não só, mas a Água tem também seu lado simbólico.

A Água e seu simbolismo

A palavra água vem do grego, *hydor*, daí a palavra hídrico, tudo o que diz respeito à parte líqüida do globo terrestre, à chuva, aos rios, aos mares, aos oceanos. O corpo humano é depositário de água, como as secreções orgânicas, o suor, a lágrima, a saliva. De acordo com a cosmologia dos antigos, a Água provém das misteriosas profundidades da terra ou desce gratuitamente do céu.

Estas Águas nos remetem às grandes águas que provêm do oceano primordial, da protologia da vida humana e de toda a criação. Lemos no Livro do Gênesis: "Deus fez o firmamento que separou as águas que estão debaixo do firmamento das águas superiores e chamou o firmamento de céu" (Gn 1, 7).

Dentro da simbólica da Água, isto é, do conjunto de símbolos que ela significa, pode-se dar três significações determinantes: a Água é fonte de vida, a Água é meio de purificação, a Água ilustra a regeneração humana.

Essas três significações que se pode dar à Água estão presentes nas mais antigas tradições culturais e religiosas do mundo, como estão presentes também nas religiões dos nossos dias. Encontramos nos textos védicos (Hinos sagrados transmitidos oralmente, antes de serem escritos no sânscrito, os *Vedas*, I° milênio a.C.) que as Águas trazem vida, força e pureza, tanto no plano espiritual quanto no corporal:

> Vós, as Águas que reconfortais, trazei-nos a força, a grandeza, a alegria, a visão! Sabemos das maravilhas regentes dos povos, as Águas (...)! Vós, as Águas, dai sua plenitude ao remédio, a fim de que ele seja uma couraça para o meu corpo e que assim eu veja por muito tempo o Sol (...)! Vós, as Águas, levai daqui esta coisa, este pecado, qualquer que ele seja que cometi, este malfeito que fiz, a quem quer que seja, esta jura mentirosa que jurei (Da tradução francesa de Jean Verenne, VEDV 137).

Na Ásia a Água é o símbolo da origem da vida e o elemento da regeneração corporal e espiritual. A Água é a matéria-prima. "Tudo era Água", dizem os textos hindus. Um texto taoísta fala que: "As vastas Águas não tinham margens." Do Islã ao Japão, passando pelos ritos dos antigos taoístas, a Água é o instrumento da purificação ritual. Os Bramas, que têm suas raízes no hinduísmo pela interpretação dos textos védicos, acreditam que "o Ovo do mundo é chocado à superfície das Águas". O Livro do

Gênesis fala que o sopro, o Espírito de Deus pairava sobre as águas (Cf. Gn 1, 2).

Nas tradições judaica e cristã, a Água simboliza, em primeiro lugar, a origem da criação. A Água é mãe, matriz, útero da criação plasmada carinhosamente por Deus. Muitos povos vêem na água a manifestação do transcendente, uma hierofania, isto é, uma manifestação de Deus que se dá a conhecer e se deixa ver através da Água.

A Água é fonte de vida

No Antigo Testamento a função da água é dessedentar. Pão e água são os elementos fundamentais para a vida humana. Antes de entrar na Terra Prometida, Canaã, *Yahweh* dá instruções ao povo de Israel dizendo:

> Servireis a *Yahweh* vosso Deus e então abençoarei o teu pão e a tua água e afastarei a doença do teu meio. Na tua terra não há mulher que aborte ou que seja estéril e completarei o número dos teus dias (Ex 23, 25).

A Água não serve só aos homens, mas também aos animais, à vegetação, daí a importância da chuva que irriga a terra. Deus se dirige ao povo com a Promessa da Prometida, a Terra de Canaã, na qual sobressai a riqueza da Promessa que é a Terra com suas águas em relação à terra do Egito, onde seu povo era escravo. Assim diz *Yahweh*, ao dar disposições de vida a seu povo Israel:

> A terra para a qual vós ides, a fim de tomardes posse dela é uma terra de montes e vales, que bebe água da chuva do céu. *Yahweh* cuida desta terra (...), se servirdes a *Yahweh* vosso Deus, de toda a alma, darei chuva para a vossa terra no tempo certo: chuvas de outono e de primavera. (...) darei erva no campo para o teu rebanho de modo que poderás comer, (beber) e ficar saciado (Dt 11, 11-15).

No Êxodo encontramos o povo de Israel que murmura contra Moisés porque sentem sede e não há água para se saciarem. Moisés dirige-se a *Yahweh* queixando-se do povo sedento. *Yahweh* então faz brotar água viva da rocha e saciou a todos com este seu gesto (Cf. Ex 17,6).

A Água representa também o lado negativo e demoníaco, ameaçador e perigoso para a vida humana, para a vida animal, para a vida da vegetação. O povo de Israel vê, no fragor, no estrondo do mar e na força dos rios durante a cheia, forças precursoras da morte, das quais Deus pode servir-se quando faz cair sobre seu povo infiel o dilúvio destruidor. Vendo que a terra se pervertera, o coração de Deus entristeceu-se e disse: "Vou enviar o dilúvio, as águas sobre a terra, para exterminar debaixo do céu toda a carne que tiver sopro de vida, tudo o que há na terra deve perecer" (Gn 6, 17).

O dilúvio (*ábyssus*) e a muita Água são identificados com o reino dos mortos. Ezequiel, o profeta dos exilados da Babilônia (590-570), aquele que prega a necessidade de criar um coração novo, feito de carne e um espírito novo atento aos sinais de *Yahweh*, ao lamentar a iniqüidade do povo de Tiro, assim se expressa, utilizando o simbolismo da Água: "(...) quando fizer subir contra ti, cidade de Tiro, o abismo, e águas abundantes te cobrirem, então te precipitarei junto com os que descem à cova, para junto do povo de outrora" (Ez 26, 23-24).

A Água é meio de purificação

Como em toda a antigüidade, assim também no Antigo Testamento é um meio preferido de purificação, de ablução. Entre os ritos de consagração dos sacerdotes e levitas, antes de entrar no ministério são prescritas as purificações, como a aspersão com água, raspar a cabeça, lavar as vestes e então serão puros (Cf. Lv 8, 5).

Lavar-se com Água significa cancelar a impureza existente no corpo, no espírito, na alma. Para o futuro definitivo de seu povo, os profetas de Israel esperam uma aspersão escatológica com a Água purificadora e purificante de Deus. Esta Água purificará a terra e o povo, cancelará o culto aos ídolos e colocará no coração de Israel um novo Espírito. Isaías descreve a bênção

que *Yahweh* derrama sobre seu povo com Água e correntes de água: "Não temas, Jacó meu servo, derramarei água sobre o solo sedento e farei nascer torrentes sobre a terra seca. (...) a tua descendência brotará por entre a erva, como salgueiros junto a correntes de água" (Cf. Is 44, 2-4).
A Água será a figura do espírito de *Yahweh* que purifica e cancela a iniqüidade. O significado espiritual profético da purificação continua no judaísmo helenístico e apocalíptico, onde a água é símbolo de purificação da alma e da consciência.
Nas Bodas de Canaã, as talhas que foram cheias de Água pelos serventes da festa eram talhas utilizadas para a purificação dos judeus. No entanto, Jesus transforma esta Água no vinho mais gostoso que os donos da festa de casamento não haviam ainda oferecido aos convivas. A ordem da mulher Maria de Nazaré, que lá estava junto com os apóstolos, deu segurança e confiança aos que estavam servindo com sua palavra firme e determinada: "Fazei tudo o que Ele vos disser" (Jo 2, 5).

A Água ilustra a regeneração humana

A palavra regeneração significa tornar a gerar, reproduzir o que estava destruído, reconstituir, recuperar o que se perdeu como elemento de vida em todas as suas dimensões. É ainda retomar um novo caminho para viver mais intensamente e dar melhor qualidade à nossa vida. Nesse contexto a Água tem força de gerar de modo novo os primeiros elementos destinados à vida que saíram das águas do Gênesis, pois a primeira criação foi maculada pelo mal.
Ela se fechou ao dom de desenvolver plenamente a vida recebida de Deus ao criá-la. Neste caso, a água e o sangue trazidos pela doação total de Cristo na cruz, com a finalidade de reconciliar toda a humanidade com o Pai, nos faz nascer para uma vida nova, a vida da nova criação que irrompe com a vinda de Jesus e seu anúncio de vida plena.
Ilustração clara dessa conversão, dessa "meta-nóia", isto é, mudança de mentalidade e de caminho, é o batismo dos cristãos que são imersos na água como símbolo de regeneração.

Este apelo de nascer novamente como pessoas novas é parte essencial do anúncio do Reino: "Cumpriu-se o tempo e o Reino de Deus está próximo. Convertei-vos e crede no Evangelho" (Mc 1, 15). O salmo 51 completa esse anúncio de conversão de cada pessoa quando o salmista suplica ao Deus da regeneração com estas palavras: "Lava-me inteiro da minha iniqüidade e purifica-me do meu pecado (...). Lava-me e ficarei mais branco do que a neve" (Sl 51, 4-9). Este esforço de conversão não é apenas uma obra humana. É o movimento do coração contrito, atraído e movido pela graça salvadora do Senhor. Ele vem até nós pela Água que saiu de seu lado quando crucificado na cruz, sinal do Espírito que nos move para o bem. E vem pelo sangue (Cf. Jo 19, 34) que proclama a sua vida de doação total para reconciliar a humanidade toda com Deus que envia o Filho na força do Espírito Santo. João descreve este momento com as palavras: "(...) um dos soldados traspassou-lhe o lado com a lança e imediatamente saiu sangue e água" (Jo 19, 34).

A Água batismal é identificada com a Água da vida, Água que forma as fontes para as quais o Cordeiro nos encaminha, são fontes que jorram do trono de Deus (Cf. Ap 7, 17). O piedoso judeu que recita os salmos com o coração aberto e gratificado assim se dirige a *Yahweh*: "Conduze-me, Senhor, para as águas tranqüilas, restaura as minhas forças e hospeda-me em tua casa de verdes pastagens" (Cf. Sl 23).

A Água do Jardim do Éden

É o concreto do Espírito, embora o Jardim não pertença ao mundo bíblico, mas é uma imagem protológica e escatológica. O Jardim é o símbolo da nostalgia, da saudade que guardamos do Éden. O mito do Jardim faz parte da evolução da humanidade. A imagem do Jardim é uma aventura do Espírito que se conecta com o belo, com o supérfluo, com o estar em harmonia. E nesta imagem é fundamental o símbolo da Água que representa as distintas formas de vida, a Água que restaura as forças perdidas, a Água que dá energias ao desgaste humano, a

Água que protege a criança no ventre materno, como o líqüido amniótico. Encontramos o Jardim que vem ligado à Água, ao rio, à fonte, à nascente. Neste Jardim há um rio que se divide em quatro. Nós só conhecemos dois, o Tigre e o Eufrates. Os quatro rios sugerem a idéia dos ângulos do mundo.

Todo o número que encontramos na Bíblia é figurativo e guarda um significado místico e espiritual. Esta é a mentalidade bíblica. A união do número 4 com o 3 faz 7, o número da plenitude e o produto de 3 x 4 é 12 (as doze tribos de Israel, os doze apóstolos). Cada vez que encontramos o número na Sagrada Escritura temos um significado místico a ser desvendado.

Na imagem do Jardim do Éden são fundamentais dois símbolos: a Água e a Árvore. Nós vamos explorar mais a imagem da Água. Dentro deste Jardim sempre há ainda o encontro de duas pessoas, da mulher e do homem. Ao som da música produzida pelo correr da água, pelo seu deslizar por sobre as pedras que a tornam pura e límpida, Deus passeia com estes dois seres humanos. O Jardim do Éden, portanto, é um lugar, é a casa da morada humana.

O Livro do Cântico dos Cânticos tem dupla razão de ser simbolizado por elementos da natureza como a água e a árvore. Os dois namorados estão envolvidos numa festa, com perfumes. No Jardim estão a Amada e o Dileto.

Unem-se num prado, num campo verdejante, o que na terra bíblica é raro, pois ela é seca e pobre de água. A água da vertente que borbulha, a água da fonte que canta, torna possível a vida do êxtase do amor humano.

Não se pode perder de vista de que na espiritualidade medieval o Éden está muito presente, como uma ante-sala do Paraíso. A saudade do Éden é constante, é uma saudade dinâmica e intuitiva. O nosso empenho não é ganhar o Paraíso, o Paraíso é dom, não é contrato. Aquilo que deve nos empenhar é o retorno ao Éden. Se não for assim faltará a construção do Reino de nossa parte.

O Éden é um lugar do Espírito. Reunificar a matéria e o Espírito é o empenho da humanidade toda. Jardim é símbolo de nossa interioridade, é entrar na intimidade do nosso Jardim, o Jardim que mora dentro de cada um.

Cultivar este Jardim significa irrigar a experiência humana com a Água que brota da terra sagrada deste Jardim. A água do Éden nos leva a fazer uma experiência de Terra e Céu e com isso atualiza a obra da Criação do Princípio ao Fim. Significa dizer, da Protologia à Escatologia da Humanidade toda, através do Cristo Jesus, Enviado do Pai, Fonte da Água da vida.

A Água do Jardim no Novo Testamento

No Novo Testamento só dois livros falam do Jardim com Água, o Evangelho de João e o Livro do Apocalipse. Em João encontramos o conhecido encontro de Jesus com Nicodemos, que não entende a linguagem simbólica do mestre, o qual lhe diz: "Quem não nascer da água e do Espírito não pode entrar no Reino de Deus" (Jo 3, 5), remetendo-se ao batismo que nos inclui na comunidade de fé.

Mais adiante encontramos Jesus pedindo Água para beber a uma mulher da Samaria. O diálogo entre os dois não parece ser tão fácil. A um certo ponto Jesus fala à samaritana abertamente de qual Água lhe fala e diz: "(...) quem beber da água que eu lhe darei não terá mais sede. Pois a água que eu lhe der tornar-se-á nele uma fonte de água jorrando para a vida eterna" (Jo 4, 14).

No Livro do Apocalipse a Água é um elemento que descreve o triunfo dos eleitos no céu, que gozarão das delícias trazidas pelo Cordeiro que está sentado no trono. O Cordeiro apascentará cada um conduzindo-os até às fontes de água da vida (Ap 7, 17). À Jerusalém celeste, a cidade dos eleitos, na descrição do evangelista João, ele diz que ouve uma voz que lhe fala: "Eu sou o Alfa e o Omega, o Princípio e o Fim; e a quem tem sede eu darei gratuitamente da fonte de Água viva" (Ap 21, 6), característica dos tempos messiânicos e símbolo do Espírito doado por Jesus, o Cristo glorioso, o *Kúrios*.

A voz do Espírito que vem pela Água

Em hebraico a palavra espírito é *ruach*, palavra feminina; segundo estudos recentes admite-se que *ruach* seja o espaço atmosférico entre o céu e a terra e que pode ser calmo ou agitado. Em sentido próprio *ruach* significa, então, o ambiente de vida onde o ser humano e toda a criação bebem da vida. Esta *ruach* é uma força que tudo pervade e anima. Na língua grega *ruach* toma o nome de *pneuma*, palavra de gênero neutro com o mesmo significado.

Esta força que tudo pervade conhece as distintas evoluções do Cosmos e do Universo até culminar na sua suprema expressão, que é o Espírito divino. Falamos do Espírito divino com base no espírito humano, definido na sua totalidade e concebido na sua expressão consciente, capaz de sensibilidade, de comunicação, de liberdade, de inteligência.

O espírito humano não é só uma força de expressão, de significação, de socialização. O espírito humano é uma força que desborda e permanece sempre aberto para cima, para os lados, para dentro e para além dele mesmo. Entrar no conhecimento de Deus com o nosso espírito humano é participar da intimidade de Deus como Comunidade de Amor, para finalmente emergir no Espírito Santo, a quem atribuímos a Comunhão divina da qual a comunhão humana toma seu verdadeiro sentido e bebe da verdadeira Água que vem da Fonte divina, Deus, na linguagem cristã.

Esse Espírito divino faz ouvir sua voz pela Água e pelas águas. Jesus entrou nas águas do Jordão para ser batizado pelo Batista. E enquanto Jesus era imerso nas águas do Jordão para receber o batismo ouve-se uma voz do céu que dizia: "Tu és o meu filho querido, eu hoje te gerei. E o Espírito Santo desceu sobre ele em forma corporal, como pomba" (Lc 3, 21.22). Nós somos habitados pelo Espírito Santo.

Filipe é levado pelo Espírito a batizar o etíope que estava lendo Isaías enquanto ia para Gaza. O próprio etíope expressa ser movido pelo Espírito quando pede a Filipe para ser batizado (Cf. At 8, 26ss). A atitude da filha do Faraó que salva Moisés das

águas do Nilo, quando lá estava para se banhar naquelas águas, nos dá mostras de estar sendo animada pelo Espírito ao ver o menino que descia pelas águas daquele rio. Vai e salva Moisés das águas para criá-lo (Ex 2, 5ss).
Entre a Água e o Espírito há uma harmonia. Ela se expressa pela ordem das coisas que vão se sucedendo e acontecendo no dia-a-dia. Há uma plenitude, ainda que diferenciada, do ser humano com a natureza humanizada, domesticada no sentido de ser bem cuidada, acarinhada, trabalhada, purificada. Harmonia do ser humano consigo mesmo e com Deus. Para os índios Kaiapós a Água é mais do que água. Assim diz o Xamã dos Kaiapós:

A Água é a veste com a qual a vida nos visita. Toda água é morada do Espírito. E este aparece nas ondas e na ventania que se forma. Na Amazônia, o espírito presente nos rios se mostra forte nos banzeiros. Nunca entre no rio ou em um barco sem saudar o espírito que mora nas águas (Bep Karoti, Xamã dos Kaiapós, Pará).

A modo de conclusão: uma lição de vida

A água intimamente ligada à vida não é só recurso hídrico, mas é fator que leva a uma "meta-nóia", isto é, a uma mudança de mentalidade destruidora que apaga nossos registros da *arché* humana, para nos transformar em pessoas sem cuidado e sem respeito pela criação plasmada por um Deus. Dele, que se fez carne como nós e ensinava utilizando a simbólica da Água para falar do nosso retorno à Casa — *Gaia*. Nesta simbologia sagrada da Água Jesus trazia todos os elementos da Água, não só como recurso hídrico, mas, sobretudo, como elemento religioso espiritual que nos remete ao Espírito, o qual nos leva para a nossa interioridade, nos redime e nos alcança a vida em plenitude.

Se a Água é vida da nossa vida, por que gastamos água sem necessidade?

Por que muitos não têm água?

Por que a nossa Floresta Amazônica, já reduzida e ameaçada, tem quatro por cento de sua área e de sua rica biodiversidade queimada e destruída a cada ano? Por que não auscultamos a voz do Espírito que habita nossas águas, nas denúncias das entidades internacionais que nos alertam para a preservação ambiental, se é que o Espírito se encontra na ambiência do espaço em que vivemos, espaço vital que está entre o céu e a terra? Estamos dispostos a repartir a água que temos para que todos possam ter água e vida em abundância?

Referências bibliográficas

BARROS, Marcelo. *O espírito vem pelas Águas.* Goiás: Editora REDE, 2002.
BEOZZO, José Oscar. *Água é vida. Dom de Deus e responsabilidade humana.* São Paulo: Paulus/CESEP, 2003.
BETTO, Frei. *A obra do Artista. Uma visão holística do Universo.* Rio de Janeiro: Ática, 1995.
BOFF, Leonardo. *Ecologia. Grito da Terra. Grito dos Pobres.* Rio de Janeiro: Ática, 1995.
_____. *Saber cuidar. Ética do humano. Compaixão pela terra.* Petrópolis: Vozes, 1999.
_____. *O Senhor é meu Pastor. Consolo divino para o desamparo humano.* Rio de Janeiro: Sextante, 2003.
BOFF, W. Água Doce: como vai o Rio Suruí? In: *Jornal Semanal,* Ano 3, n.14, pp. 3-4, abr. 2004.
ELIADE, Mircea. *História das Crenças e das Idéias Religiosas. Das origens ao Judaísmo.* Vol. 1. *Dos Vedas a Dionísio.* Vol. 2. Rio de Janeiro: Zahar Editores, 1983.
MIRANDA, E. E. *A sacralidade das Águas corporais.* São Paulo: Loyola, 2004.
PETRELLA, R. O. *O Manifesto da Água. Argumentos para um contrato mundial.* Petrópolis: Vozes, 2004.
VV. AA. *O Espírito Santo na Bíblia.* São Paulo: Paulus, 2000.
WILLIERS, M. de. *Água. Como o uso deste precioso recurso natural poderá acarretar a mais séria crise do século XXI.* Rio de Janeiro: Ediouro, 2000.

O imaginário religioso das águas

Maria Clara Lucchetti Bingemer

Muitos povos contam como o mundo, já criado antigamente, foi transformado e se tornou o que é agora. De acordo com certas tradições australianas, por exemplo, a terra foi cercada originalmente de água e havia nela muitos espíritos. Pela ação de um desses espíritos, a terra cresceu morna e os primeiros homens emergiram disto. De acordo com os índios de Zuni, circula uma cadeia complexa de vias fluviais sob a terra e o primeiro Zuni nasceu lá, no mais baixo nível. Um par de gêmeos criados então pelo Sol fê-los escalar até a superfície. Uma lagoa marca o ponto onde eles viram a luz do dia, finalmente.

Um mito australiano do norte conta a história de uma divindade ancestral. Depois de um de seus filhos golpeá-lo com uma lança, ele se lançou no mar; lá, outro de seus filhos tirou a lança da carne dele, onde tinha permanecido embutida. Durante a viagem empreendida então pelo deus, uma primavera apareceu em todos os lugares onde ele descansou. Finalmente, ele mergulhou no rio Victoria, cujas águas ele moveu até que estas formassem galhos fundos na floresta; ele desapareceu, então, debaixo de uma pedra. De vez em quando ele sobe à superfície e causa tempestades; de acordo com algumas narrativas, ele ocupa também a região do arco-íris, onde a chuva é formada.

Mitos deste tipo nos mostram a água como presente no mundo desde os tempos mais antigos, mas eles designam com isto muitas situações diferentes. Periférica à terra ou subterrânea, a água é primeiro um elemento significante da ordem universal. Às vezes simplesmente figura como um traço geográfico característico — o mar ou um rio que define a forma de um país. Porém, há algo mais para se observar. A água pode ser passiva, com um espírito independente dela tomando a iniciativa exclusiva no ato de transformação. E ainda: a água é misteriosamente ligada ao nascimento dos primeiros homens ou ao destino de um deus que, depois de desaparecer em suas profundidades, permanece atado a tempestades e chuva. O âmbito dessas diferenças fica claro quando consideramos histórias mais longas. Buscando a origem de todas as coisas, muitos povos relatam como a água apareceu no curso de eventos cosmogônicos. Suas explicações caem em três sistemas míticos principais.

De acordo com o primeiro sistema, o mundo é criado por um deus que permanece largamente transcendente a ele. Neste caso, a água, como o mundo inteiro, é um produto da ação divina. De acordo com o Desana da América do Sul, "O Sol criou o universo (...) [Ele] criou a terra, suas florestas e seus rios (...) Ele também criou os espíritos e demônios da água" (Reichel-Dolmatoff, 1968, pp. 48-49). Um lamento africano evoca "o único Deus eterno, o criador do oceano e da terra seca, do peixe no mar e das feras na floresta" (Thomas, 1969, p. 218).

No segundo contexto mítico, a cosmogonia assume o aspecto de uma genealogia. O primeiro antepassado é uma entidade cujos atributos simultaneamente cósmicos e divinos aparecem na proliferação da sua descendência. As águas que nascem então ao longo das gerações são, elas mesmas, geradoras. Em um sistema grego, a Terra ancestral dá à luz o Céu e Pontos, o reino do mar, composto de água salgada. A Terra então casa-se com cada destes princípios masculinos. O primeiro de seus filhos — ela o concebe do Céu — é *Okeanos*, um rio de água doce, com redemoinhos fundos; ele se torna o pai de todas as fontes e rios. Assim a divindade que vai além do mundo permanece imanente dentro disto. De certo modo, ela está presente nas águas.

Finalmente, o espírito pode ser apresentado como um dos agentes primários da formação do mundo. Tomemos por exemplo este mito de Bambara: das profundezas do vácuo original uma força, e depois espírito, emergiu. Enquanto estão sendo ordenados os princípios das coisas, uma massa cai e dá à luz a terra. Porém, uma parte do espírito surge; este é Faro, que constrói o céu. Faro cai então na terra sob a forma de água e traz, assim, vida para ela. Dispensadora de vida, a água é pois uma manifestação do próprio espírito divino. Com essa constatação, refletimos sobre a tipologia de suas cosmogonias.

Tipologia das cosmogonias aquáticas

Há um outro tipo de cosmogonia: o fato de que a largura e diversidade das funções da água ficam muito mais inteligíveis. Aqui, a água simboliza o que existiu antes do deslanchar do processo cosmogônico, ou o estado do mundo nas primeiras fases de sua história. Encontramos numerosas variações sobre este tema.

1. Em sua fluidez e estado elusivo, a água pode sugerir a ausência de forma, a não-substancialidade e a confusão das quais o mundo emergirá. Inerte, a água não tem nenhum poder; um deus ou outros seres independentes da água serão os agentes exclusivos de criação. Por exemplo, o conto seguinte foi contado nas Ilhas de Almirantado. No princípio, havia nada mais que um imenso mar; nele nadou uma grande serpente. Querendo um lugar onde pudesse descansar, ela disse: "Deixe um recife surgir!" Um recife surgiu então da água e se transformou em terra seca.

A cosmogonia bíblica ilustra o significado de água em mitos deste tipo. A Bíblia reúne vários símbolos, inclusive o deserto, o vácuo e a escuridão, o abismo e a massa de água que o abismo contém e sobre a qual paira o sopro de Deus. Este sopro divino sozinho já significa realidade. As outras imagens têm um valor negativo e evocam a idéia de não-existência; os teólogos verão nelas um símbolo do nada. O idioma Védico pode ir até mesmo mais longe:
Nem Não-ser, nem Ser existiam então.
Nem o ar, nem o firmamento acima existiam.
O que estava se movendo com tal força? Onde? Sob o cuidado de quem?
Era a profunda e fantasmática água?
Nesta questão, a imagem da água alude ao estado de coisas anterior à distinção entre ser e não-ser. Ainda estamos situados anteriormente ao nada em si mesmo.

2. A água não tem nenhuma forma própria sua, mas os rios têm um leito e o mar tem um fundo. Este simples fato inspira vários mitos. Aqui está um exemplo siberiano:

Sobre as águas...

No princípio, a água estava em todos os lugares. Doh, o primeiro *shaman*, voou em cima do oceano primordial na companhia de alguns pássaros. Não achando lugar para descansar em nenhuma parte, ele pediu para o *loon* de peito vermelho mergulhar no oceano e trazer um pouco de terra do fundo. O *loon* fez isto, e em sua terceira tentativa, conseguiu trazer um pouco de lama no bico. Doh fez deste uma ilha no oceano original que se tornou a terra.

Nós achamos narrativas semelhantes em numerosas regiões. Em duas tradições hindus, o próprio Vishnu desceu até o fundo das águas primordiais na forma de um javali para trazer um pouco de terra.

O oceano original pode então cobrir algum elemento sólido. Além disso, apesar de sua fluidez, a água em si mesma tem substância. Em alguns mitos os deuses capturam este assunto ou condensam isto. Assim no Atharvaveda (12. 1) nós lemos: "[A Terra] era originalmente uma onda no coração do Oceano; os Sábios foram procurá-la com a sua magia." Um mito da Guiné conta como Ha fez um imenso mar de lama e então, solidificando a lama, criou a terra. De acordo com o Kojiki, Izanagi e Izanami dirigiram uma lança ao mar que se estendeu debaixo deles. Quando eles retiraram isto, as gotas salgadas que caíram disto solidificaram-se e formaram a primeira terra: a ilha de Onogoro. Um comentarista grego do mito de Proteus se expressa em termos mais abstratos: Havia um tempo no qual tudo aquilo que existia era informe e barrento (...) não havia nada mais que aquilo que tinha sido derramado. Uma inércia informe reinou até que o artesão de todas as coisas, tendo atraído ordem para proteger a vida, impôs sua impressão no mundo. Ele separou os céus da terra, separou o continente do mar e cada um dos seus quatro elementos (...) assumiu sua própria forma.

Neste tipo de mito, a água já não significa nada; possui uma verdadeira existência. Os deuses usam-na, mas ela permanece inerte; somente eles são ativos. O povo da Bíblia fará uma síntese nova e original, identificando a água com o Espírito de Deus que é fundamentalmente vida. Particularmente no Cristianismo, a água aparecerá carregada de um rico simbolismo, uma vez que é o elemento central do rito de iniciação cristã, o Batismo.

A água: símbolo de vida e morte

O Batismo é, sem dúvida, o sacramento de que mais fala o Novo Testamento. Trata-se do sacramento da iniciação cristã, a porta pela qual os judeus e os gentios vão ter acesso à comunidade daqueles que crêem em Jesus Cristo e o seguem ao longo da vida e até a morte.

O simbolismo do Batismo passa pela água, esse elemento da natureza sem o qual a humanidade não consegue viver e que carrega em si tão profunda e consistente riqueza de significados, pois a água não apenas dá vida, lava e purifica, mata a sede, satisfazendo o desejo e hidratando o corpo, como também mata quando desce dos morros e favelas em enxurradas que a tudo arrastam e afogam: homens, mulheres, crianças, casas e animais, destruindo plantações e colheitas (Taborda, 2001, pp. 152-153, comentando Eliade, 1974, pp. 222-252). "O manejo simbólico da água, como também sua emergência na linguagem metafórica ou nas explicações cosmológicas e cosmogônicas, provém de três experiências humanas fundamentais" (Goppelt, pp. 313-333). E o autor comenta: a água é perigosa, é origem de morte; mas também é indispensável fonte de vida para todo ser humano, animal e planta; e a água lava, é meio de purificação, o mais importante de que a humanidade dispõe.

Quimicamente, a água é um elemento relativamente simples. Uma hidromolécula, a menor unidade do elemento chamado água, compõe-se de duas partículas de hidrogênio e uma de oxigênio, que resultam na conhecida fórmula H_2O. São essas moléculas que, juntas, formam as gotículas, as quais, por sua vez, formam as pequenas e grandes massas de água: a caneca de água que mata a nossa sede, a água que nos lava o corpo, as chuvas que se precipitam sobre a terra, os rios que serpenteiam pelos vales, os mares que enchem os abismos.

Na exata medida em que se alargam os nossos conhecimentos, firma-se também a consciência de que a água não é apenas um sustento, mas um dos sustentáculos da vida, na forma como nós a conhecemos. As águas, ensinam-nos hoje as ciências, foram o berço da vida, nas suas manifestações mais primitivas. Estudos bastante intrincados comprovam-nos ainda que a água, em estado líqüido, é um elemento não muito comum no universo. Em temperaturas muito baixas, os elementos, sabidamente, se solidificam. Acima de um certo ponto de densidade atmosférica e calor, eles evaporam. Em todo o nosso sistema solar, somente o planeta Terra parece oferecer as condições naturais necessárias para que a água exista como líqüido.

Trata-se de dado complexo, pois se por um lado a água só se forma numa faixa térmica relativamente estreita, por outro, uma vez existente, é exatamente a água que passa a funcionar como uma espécie de regulador térmico do lugar onde se encontra. O calor absorvido e armazenado por ela durante o dia é expelido durante a noite, impedindo variações climáticas extremas. E até onde, hoje, alcançam o nosso olhar e os instrumentos de nossa astro-tecnologia, o universo tem se revelado como bastante seco, isto é, constituído, predominantemente, de material gasoso ou sólido. A água é mesmo um fenômeno raro e algo coincidente com a própria vida, isto é, onde ela ocorre, aí também se dá a vida em profusão e plenitude.

E embora sejam possíveis outras formas de vida sem esse elemento, a vida, na sua diversidade e complexidade, assim como ela se constituiu no planeta Terra, está intimamente ligada à existência dessa matéria em estado líqüido. Os seres vivos não precisam apenas de água. Eles são, num percentual bastante elevado, compostos de água. Setenta por cento do corpo humano, por exemplo, é constituído de água, seja fluindo na corrente sangüínea e nos outros líqüidos do organismo, seja no interior de cada uma e de todas as células de nosso corpo. Três quartos da superfície da terra estão cobertos por água. Isto não é demais. Uma quantidade menor ou uma alteração brusca na quantidade e na dinâmica cíclica das águas e muitas formas de vida desapareceriam. Mesmo antes desses estudos acurados, a importância da água para a vida nunca escapou à percepção humana. Aliás, para saber que a água é essencial e preciosa não é necessário fazer nenhum curso de bioquímica. Basta fazer a experiência de sentir sede. Não é à toa que os salmistas e hagiógrafos do Antigo Testamento usam a metáfora da sede para significar o desejo que sentem de Deus (Sls 42, 63, 107, 110, 143, entre outros).

Entretanto, a água não é apenas aquela substância translúcida, que cai dos céus nos dias tórridos de verão, refrescando-nos, e que corre, mansa e benfazeja, pelos sulcos da terra, encantando os olhos e fecundando a vida. Ela é também avassaladora, como todas as outras forças da natureza. Sua energia descomunal pode produzir desastres assombrosos.

Em grandes ajuntamentos, como nos mares, as águas são aterradoras: sua vastidão imensurável, seu volume espantoso, sua profundidade inacessível, sua força indomável, tudo isto nos faz sentir dramaticamente insignificantes e frágeis. São múltiplas e muitas as experiências humanas em face deste elemento. Muitos e múltiplos são, por isso, também os significados da água no universo arquetípico e simbólico.

Assemelhados aos sentimentos que os humanos experimentam em relação à água são os sentimentos que temos acerca de Deus. Há, para onde quer que se volte o nosso olhar, algo que pervade todas as coisas, colocando-as no mundo e retirando-as daí, fecundando-as e recolhendo-as no seu abismo. Como as águas que jorram das camadas secretas da terra, ou caem da vastidão do infinito, assim também experimentamos o dom de Deus a nós. Vejamos, por exemplo, o que diz Santo Inácio de Loyola, ao final dos seus "Exercícios Espirituais", na Contemplação para alcançar amor quando procura na natureza comparações para significar o amor de Deus (n. 237):

> El quarto punto: mirar cómo todos los bienes y dones descienden de arriba, así como la mi medida potencia de la summa y infinita de arriba, y así justicia, bondad, piedad, misericordia, etc., así como del sol descienden los rayos, de la fuente las aguas, etc. Después acabar reflictiendo en mí mismo según está dicho. (Citamos de acordo com o Texto Autógrafo)

E também nos maravilhamos e surpreendemos com esse dom, já que suas origens nos são ocultas. Quanto mais lhe prestamos atenção, mais nos fascina o seu mistério e mais tremendo se nos parece o seu poder. Como as águas, que podem ser suaves e terríveis, humildes e portentosas, cristalinas e obscuras, preciosas e estarrecedoras, assim também a força misteriosa deste Inominável: "fascinante e tremendo" (Otto, 1980). É por isso que, desde sempre, os homens viram nas águas um símbolo de Deus.

As Escrituras Sagradas conservaram nas suas páginas esta ambivalência experiencial em dois complexos simbólicos. O dilúvio (Gen 7, 18-24 cf. 1 Pe. 3, 20s), a passagem do Mar Vermelho (Ex 14 cf. 1 Cor 10, 1s) e o batismo (Rom 6, 4ss entre muitos outros). No primeiro, a água inunda, destrói e se configura como uma força, frente à qual as criaturas pouco valem. No segundo, ela é a representação da justiça divina, abrindo-se para deixar passar os hebreus, o povo eleito do Senhor e fechando-se sobre o Faraó e seus soldados, que perecem castigados pelo próprio pecado. No terceiro, ela lava, purifica, redime, é a visibilidade da graça e da bondade que, prodigamente, nos sustentam. Nos três casos podemos, de fato, entrever que, apesar de em circunstâncias diferentes, as águas prodigamente nos sustentam.

Podemos, de fato, entrever as feições do Mistério que chamamos Deus: sua magnitude faz-nos baixar os olhos em humilde admiração e sua bondade faz-nos erguer a face em ridente gratidão. Inescrutável, como os abismos do mar, é o seu profundo mistério. Sentimo-nos como seus filhos e filhas. Ele nos é verdadeiramente próximo e íntimo. Esta proximidade, porém, não anula sua infinita distância e o seu mistério. À sua frente, nada somos por nossa própria força e o que somos, devemo-lo a Ele. Suave, como a água que escorre sobre o dorso dos corpos e da terra, é a sua presença. Vigorosa e impressionante, como as tempestades que vergam as árvores e revolvem os mares, é a força de seu poder. Justa, abrindo-se diante de seu povo e fechando-se mortalmente sobre seus inimigos, é o braço forte de sua justiça que restaura e corrige.

No Novo Testamento, o Batismo vai empregar esse elemento água como central para significar a nova vida proposta por Jesus de Nazaré como Boa notícia de salvação para toda a humanidade.

O Batismo no Novo Testamento

O significado etimológico da palavra Batismo está intimamente ligado a este elemento que é seu sinal sensível, criador da realidade sacramental: a água. Batismo, portanto, vindo do grego — βαπτισμα — quer dizer imersão, banho. Nas Escrituras hebraicas há todo um riquíssimo simbolismo da água em chave cosmológica e histórica, sobre o qual não nos cabe estender-nos aqui (Cf. Taborda, 2001, pp. 157-162). A Lei judaica, já no Antigo Testamento, prevê e inclui em suas prescrições abluções e banhos rituais purificadores, usando a água como elemento central (Ex 29, 4; 30, 18-20; 40, 7.12.30; Lev 1, 9.13; 6, 28; 8, 6; 11, 32-36; 14, 9.50.51; 15, 5ss; 16, 4.24-27; 17, 15; 22, 6; entre muitos outros. Cf. Taborda, 2001, pp. 161-162). Além disso, as pesquisas exegéticas identificam práticas batismais já nas comunidades essênias[1]. E, entre os dois Testamentos, aparece o Batismo de João Batista, que o próprio Jesus vai receber e que tem características penitenciais e purificadoras.

O Batismo de João, porém, é diferente do Batismo de Jesus, e os autores neotestamentários fazem questão de ressaltar este ponto. O primeiro é um rito de penitência, que vai servir de preparação para o verdadeiro Batismo, que será o de Jesus (Cf. At 19, 1-7). Entre João e Jesus há, pois, uma continuidade, na

---

[1] Os essênios são uma Associação religiosa judaica da Palestina, de caráter monacal e tendência ascética. Sua origem provém, provavelmente, dos assideus (Cf. 1Mc 2, 42 e nota). Não são mencionados na Bíblia. Com a descoberta dos escritos do mar Morto (1947) e das ruínas de Qumrân, ficaram melhor conhecidos os costumes e a doutrina dos essênios e seu possível relacionamento com os fariseus e o Novo Testamento. As características do grupo são: os candidatos passavam por um período de um ano de "postulantado" e dois anos de "noviciado"; o candidato era aprovado como membro após um juramento e recebia uma doutrina secreta. Praticavam a pobreza, o celibato e a obediência a um superior. Faziam abluções rituais e orações matinais. Veneravam Moisés e os anjos. Observavam o sábado, mas estavam separados do culto do templo. Segundo alguns, João Batista teria sido membro da seita dos essênios (Lc 1, 60; 3, 1-21). As pesquisas são abundantes sobre esta nova área de estudos que se abriu com a descoberta de 1947. (Cf. Alves dos Santos, 1999 e 2002; Silva, 1995)

medida em que Jesus recebeu o batismo de João; recebeu discípulos de João em seu grupo, os quais receberam o batismo de João, e há igualmente na superação e novidade: expressa pelo próprio João (Mt 3, 11).

Na verdade, o sentido da água no rito batismal não está ligado em primeiro plano a uma idéia de purificação, mas de passagem que expressa a salvação. O catecúmeno passa pela água e isto simboliza sua passagem da vida em pecado para uma vida nova, a vida da graça[2].

Nos textos neotestamentários, a Igreja Primitiva nos aparece mais preocupada em salientar a novidade radical deste ritual em relação aos rituais judaicos e o conteúdo salvífico próprio desse gesto sacramental: o comprimento das promessas de Deus e a realização das maravilhas de sua salvação em favor do povo[3]. Vejamos o que estes nos dizem:

O Batismo cristão encontra sua raiz no mandamento de Jesus (Mt 28, 16-20; Mc 16, 15-20). É imperativo, portanto, e não opção, para todos os que desejarem segui-lo, praticar e anunciar seu Evangelho. O final dos evangelhos de Mateus e Marcos nos demonstram que a primeira comunidade cristã, após batizar durante algum tempo "em nome do Senhor Jesus", compreende que está em plena sintonia com o desejo de Jesus — batismo em nome do Pai, do Filho e do Espírito Santo — como meio para "fazer discípulos a todas as nações". E assim, desde o princípio, os que querem pertencer à "comunidade dos salvos" se integram na salvação de Jesus Cristo através do batismo, dado com sua autoridade para o perdão dos pecados, recebendo assim o Espírito Santo.

---

[2] Cf. o que sobre isso comenta Taborda (2001, p. 151), inclusive ressaltando o fato de que "não foi a imersão física na água que deu ao batismo seu sentido de participação na morte e ressurreição de Cristo. Os achados arqueológicos nas Igrejas paleocristãs levam antes a pensar que, provavelmente, a forma mais comum do batismo tenha consistido em entrar na água até os joelhos, enquanto o ministro derramava água na cabeça e, ao fazê-lo, impunha a mão sobre o batizando."

[3] "A comparação do batismo com o sepultamento de Cristo em Rm 6 e Cl 2 não é explicação do gesto litúrgico de imersão, mas consideração dogmática a partir do mistério de Cristo" (Stenzel, 1958, pp. 108-111, 18-23).

No livro dos Atos dos Apóstolos, o Batismo aparece como dom que constrói a base da Igreja no mundo (At 1,5-8). Tal concepção do Batismo já se encontra presente na comunidade primeira desde Pentecostes (At 2, 37-38.41), quando a descida do Espírito dá nascimento à Igreja e os que querem aderir à nova proposta de vida são instados a deixar-se batizar. Posteriormente, em toda atividade apostólica o Batismo será o sinal que irá inaugurar novas comunidades baseadas na escuta da pregação, na comunhão fraterna, na fração do pão e nas orações. (At 2, 42ss; 4, 4; 8, 26-40; 9, 18; 10, 1-48; 16, 14-15.29-33; 18, 8). O Novo Israel – a Igreja – será construído a partir do batismo, que derrama prodigamente o dom do Espírito Santo, a novidade de Cristo.

As cartas de Paulo, em várias passagens, como por exemplo Gl 3,27; Rom 5,8; 1 Cor 6,11; 10-12; Cl 2,12; Ef 1,5; Tt 3,3-7 vão demonstrar que ser batizado equivale a reviver sacramentalmente a páscoa de Jesus. O Batismo realiza uma associação ontológica do crente ao Cristo (Cf. 1 Cor 1,13) em tudo: vida, morte e ressurreição (Rom 6,3-5). Pelo Batismo, o crente é inserido, enxertado no Mistério Pascal. Todos os sinais presentes no Batismo vão apontar para este sentido primordial: o mergulho nas águas (em seu duplo sentido regenerador, purificador e também mortal) e a emersão para uma vida nova, semelhante à de Cristo. O Novo Testamento, portanto, já compreende o Batismo como memorial do acontecimento pascal. E a memória viva da páscoa de Jesus atualizada na recepção do sacrifício implicará, portanto, assumir o mistério pascal de Cristo na vida do catecúmeno[4]. Ser batizado, portanto, é pertencer a Cristo e ao corpo de Cristo, que é a Igreja. É ser nova criatura (Cf. 1 e 2 Cor), cujo paradigma é Cristo, e viver em comunhão com o Pai, o Filho e o Espírito Santo.

Da mesma forma, Paulo ressalta que o Batismo não é um acontecimento isolado: foi preparado pelo Antigo Testamento (1 Cor 10, 1-5) e se desdobra na Igreja (Cl 2, 12; Ef 3, 10) à espera da parusia final (1 Ts 5, 1-11). Todo aquele ou aquela que

---

[4] Cf. o que sobre isso comenta a *Lumen Gentium*, n.8.

é batizado, portanto, não está mais sozinho, pois está enxertado pelo sacramento que recebeu em um grande movimento e tradição. O Batismo pertence, pois, ao desenvolvimento da economia global da salvação.

Os quatro primeiros capítulos da Primeira epístola de Pedro parecem um eco da liturgia pascal e, portanto, batismal e da catequese preparatória e neocatecumenal (1, 13-20; 2, 1-10; 3, 18-22). Vão sublinhar, portanto, a importância deste rito de iniciação para a constituição de toda a comunidade de salvação chamada Igreja, que nasce do evento Jesus Cristo, pela força do Espírito e é celebrado com júbilo e seriedade pela comunidade cristã.

Já os escritos joaninos querem mostrar a realização das ações de Deus e de Cristo ao longo de toda a história. Dão especial relevo ao batismo de Jesus no Jordão (Cap. 1) e à conversa do Mestre com Nicodemos (Cap. 3), que descreve o Batismo como novo nascimento. Os sinais que Jesus realiza durante sua vida vão prefigurar os sacramentos da Igreja (Rochetta, 1991, p. 239) . Assim também a primeira carta de João vai enfatizar o Batismo como perdão dos pecados, permitindo uma nova vida que brota da água e do sangue, em Cristo e no Espírito (1 Jo 3, 1-10; 5, 6-13).

E o mais tardio livro da Bíblia, o Apocalipse, escrito sob a pressão da terrível perseguição aos cristãos, vai instar a que estes não percam a esperança, relembrando-lhes que pelo Batismo que receberam estão para sempre convidados a saciar sua sede nas fontes das águas que nunca cessarão de jorrar do seio daquele que é o Alfa e o Omega (Ap 7, 7; 21, 6; 22, 1-17).

Deste percurso sobre os textos neotestamentários podemos inferir alguns pontos importantes para o tema que nos ocupa neste texto: a centralidade do Batismo para a compreensão da igualdade fundamental de todas as vocações.

O Batismo é um rito inclusivo. Diferente do rito de iniciação judaico, que passa obrigatoriamente pela anatomia masculina, e que só é concedido a judeus, o novo rito cristão vai incluir as mulheres, os gentios de toda sorte, os escravos e os de qualquer condição social, inaugurando uma nova maneira de ser e de viver que não encontra espaço e não deixa lugar para a exclusão de qualquer espécie. É de uma Igreja feita de batizados que Paulo vai poder proferir a libertadora afirmação da carta aos Gálatas, capítulo 3, 28: "Não há judeu nem grego, nem escravo nem livre, nem homem nem mulher, pois todos sois um só em Cristo Jesus." O Batismo vai não só mostrar, mas sinalizar indelevelmente com a força do sacramento, que em Cristo Jesus todas as diferenças foram abolidas e que as águas batismais lavaram e diluíram todas as fronteiras separatistas, abrindo caminho a uma comunidade universal que não admite discriminações dentro ou fora de seus limites de pertença[5].

O Batismo dá ao ser humano uma nova identidade. Identidade essa marcada toda ela por uma dinâmica pascal. Significa morte ao "velho homem" ou ao Adão antigo, o que significa morte ao pecado e à separação de Deus e a tudo que constitui o reino das trevas. Morte, portanto, à vida antiga. Por outro lado, esta morte e ruptura radical implica um estar disposto, como Cristo, a sofrer e morrer pelo povo. Aí está o sentido da existência não só do leigo, nem só do sacerdote ou do religioso, mas de todo cristão. Primeiramente, uma ruptura radical com o passado e suas velhas alianças, seus secretos compromissos com a iniqüidade. Essa ruptura se dá — no dizer de São Paulo, colocando em paralelo o cristão e Jesus Cristo — "por uma morte semelhante à sua (...) a fim de que, por uma ressurreição também semelhante à sua, possamos não mais servir ao pecado, mas viver para Deus" (Rm 6, 5-11). E viver para Deus significa começar a comportar-se no mundo como Jesus se comportou. Existir não mais para si, mas para "fora de si" — para Deus e para os outros (Cf. 2 Cor 5, 15; Bingemer, 1998 e Castillo, 1990).

Esse novo modo de existir não acontece, no entanto, sem conflitos. Para Jesus, o conflito desembocou na Cruz. Para os batizados que seguem a Jesus, isso implicará assumir um destino semelhante ao seu. Implicará estar disposto a dar a vida, a

---

[5] Cf. sobre isso vários comentários que refletem sobre a dimensão revolucionária da inclusividade do Batismo, sobretudo em relação às mulheres (Laurentin, 1980-1984, p. 84 e Bingemer, 1999, pp. 187-206).

sofrer e morrer pelo povo, como Jesus o fez. Implicará, ainda, deixar para trás apoios e seguranças outras para compartilhar com Jesus as situações humanas-limite, que pontilharam seu existir: incompreensão, solidão, sofrimento, fracasso, incerteza, perseguição, tortura, morte. Mas também — e não menos — amizade, amor, comunhão, solidariedade, paz, alegria, ressurreição e exaltação.

O batizado, portanto, "perde" a sua antiga identidade para ganhar uma nova identidade, uma identidade crística, já que o fundo mais profundo desta nova identidade é a própria pessoa de Jesus Cristo, sua vida, seu agir e sua morte e ressurreição.

O Batismo funda um modo específico de ser e construir a Igreja: além e para além de incorporar o ser humano a Cristo, outro efeito fundamental do Batismo é incorporá-lo a uma comunidade eclesial (1 Cor 12, 13; Gal 3, 27). Por isso, além de trazer uma nova identidade — a identidade crística — àquele ou àquela que por ele passa, o Batismo é o sacramento que configura a Igreja. O modelo de Igreja que surge a partir do Batismo é o de uma comunidade dos que assumiram um destino na vida: viver e morrer para os outros (Castillo, 1990, cap. 18 e 1992, caps. 4-5). O modelo de Igreja que surge a partir do Batismo é, portanto, o de uma comunidade dos que existem para os outros, dos que assumiram um destino na vida: viver e morrer para os outros. É a comunidade daqueles e daquelas que foram revestidos de Cristo e se comportam na vida como Ele se comportou; que assumem em sua vida a vocação e a missão de serem outros Cristos: homens e mulheres para os outros, homens e mulheres conduzidos, guiados e inspirados pelo Espírito Santo de Deus; homens e mulheres libertados para viver a liberdade do amor até as últimas conseqüências (Bingemer, 1998).

Não se trata, portanto, de uma Igreja massificada e amorfa, nem muito menos de uma Igreja eivada de divisões de classes. Trata-se, sim, da grande comunidade dos que vivem em suas pessoas, e em suas vidas, o mistério de Cristo, dos que são batizados, dos que foram mergulhados na morte de Cristo simbolizada pelas águas profundas e delas emergiram, renascendo para uma vida nova, voltada para fora de si, de serviço e dedicação aos outros e de construção do Reino. A partir daí se organiza a Igreja, que será uma comunidade viva, construída a partir não de cargos previamente estruturados que determinam a importância de cada membro da comunidade dentro do todo, mas a partir da comum graça de serem batizados e portadores, portanto, de uma identidade que é o próprio Jesus Cristo.

As águas profundas por onde navega essa barca que é a Igreja

Nos dias de hoje, a Igreja vem lutando, com coragem e determinação, para reencontrar esse modelo presente nas fontes da revelação e da vida cristã. Isso a vem obrigando, igualmente, a navegar em águas mais profundas e mover-se em terrenos talvez mais movediços e complexos, a fim de ser capaz de fazer-se ouvir em meio ao tumulto do mundo de hoje, eivado de tantos apelos e tantas possibilidades.

O Concílio Vaticano II certamente trouxe, neste sentido, uma grande e significativa contribuição, pois, não apenas o Concílio fala muito e positivamente dos leigos como membros plenos da Igreja em vários de seus mais importantes documentos, como também alguns movimentos leigos apostólicos, muito ativos nas décadas anteriores ao Concílio, deram aos Padres Conciliares um material importante e inspirador para poder avançar através de várias superações em direção a uma eclesiologia mais integrada e de comunhão[6].

Nesse sentido, não apenas o Concílio procura superar a definição do leigo pelo negativo (ou seja: o que não é sacerdote, o que não é monge, o que não é religioso), como também e igualmente proclama e consagra uma definição de Igreja — muito concretamente, na Constituição Dogmática *Lumen Gentium* —[7] como Povo de Deus, onde todos são membros plenos. A condição cristã comum de membro do Povo de Deus é anterior — teológica e cronologicamente — à diversidade de funções, carismas e ministérios.

---

[6] Deve-se citar, sobretudo, a Ação Católica, assim como os movimentos bíblico e litúrgico, de enorme importância no pré-Concílio (Gómez de Souza, 1984 e 1986; Beozzo, 1984; Souza, 1982 e Boff *et alli*).
[7] *Lumen Gentium* 31.

Toda a comunidade eclesial, portanto, segundo esta concepção, é ministerial, apostólica, carismática e profética. Todo batizado, portanto, pelo fato de estar inserido em Cristo pelo seu batismo, é sacerdote, no sentido do louvor e mediação. A vida do batizado será — e em última análise, o próprio sacramento do Batismo — o fundamento do sacerdócio comum dos fiéis. Todo batizado, seja ele ou não um ministro ordenado, é chamado, em virtude do seu Batismo, a oferecer um culto a Deus. E este culto fundamental é o oferecimento da própria pessoa a Deus com todas as suas conseqüências (Rom 12, 1; Gl 10). Aí já está dado, portanto, o fundamento necessário para considerar a vocação cristã como o chão comum da qual surgirão todas as vocações que formam o tecido multicor e pluriforme da comunidade eclesial.

Embora reconhecendo todo o avanço que este documento, assim como todo o Concílio em geral, trazem para a Igreja e muito concretamente para todas as categorias de cristãos, não se pode deixar de reconhecer que hoje, com a distância histórica que do evento conciliar temos, nos é permitido identificar algumas limitações em seus documentos.

Cremos poder afirmar que nos documentos conciliares o leigo ainda é definido juridicamente e pelo negativo: aquele que não é clérigo, religioso ou a quem não foi dado, na Igreja, um carisma ou uma vocação ou ministério especial e tem a seu favor "apenas" o Batismo. E que lhe é destinado como campo de trabalho apostólico apenas o mundo secular. Essa definição de leigo estrutura a Igreja segundo a concepção conciliar, quanto à sua composição e formação, com base numa dicotomia e contraposição centrais: a contraposição clero x laicato à qual se alia outra: a contraposição religiosos x não-religiosos. Isto nos conduz à percepção de que nos documentos conciliares e, em especial, na constituição dogmática *Lumen Gentium*, ainda coexistem duas concepções eclesiológicas: uma eclesiologia jurídica e uma eclesiologia de comunhão (Acerbi, 1975; Tepedino, 2002, pp. 161-189).

Em termos de avanço possível para uma concepção mais adequada do que seria a vocação cristã, a posição conciliar ainda traz, portanto, a nosso ver, uma sutil dificuldade e discriminação. Por um lado, confina o leigo e a vivência possível de sua vocação batismal ao campo do secular e do profano, declarando-o, conseqüentemente, não autorizado a considerar-se vocacionado e apto a ocupar-se das coisas propriamente "sagradas" ou "de Deus". Aí estariam incluídos: o estudo e ensino da teologia, bem como a pesquisa e publicação teológicas; o magistério da orientação espiritual e o acompanhamento de pessoas em sua caminhada cristã; a participação na liturgia a nível organizador e produtor de símbolos, e não apenas consumidor do que é oferecido pelo sacerdote e pelo clérigo.

Desde outro prisma, igualmente, esta otimista e entusiasta valorização do terrestre e do temporal que encontramos nos textos conciliares pode trazer alguns riscos para a própria visão de mundo e concepção de vocação cristã, o que nos dias de hoje pode ser bastante perigoso. Nela está latente, por exemplo, o risco de obscurecimento da especificidade daquilo que é e que implica a radicalidade de tal vocação, oriunda do sacramento do Batismo, e o risco de desconhecer a realidade de que existe um aspecto do "mundo" que não leva a Deus. Portanto, esconde-se aí o risco de menosprezar a validade e a pertinência de toda uma tradição ascética cristã na busca da fidelidade ao chamado de Deus e da união com Ele, que agora pareceria descartada como fora de moda ou de lugar (Congar, p. 102).

Se nos tempos de sacralidade difusa e confusa que são os nossos (Teixeira, 2000, pp. 17-22), muito facilmente chamamos de contato com Deus ou de experiência mística a toda e qualquer busca de sensação "espiritual", conseguida às vezes com recursos artificiais outros que não a relação que se instaura e se aprofunda unicamente na gratuidade, na escuta e no desejo, estaremos traindo a concepção mesma de vocação, de experiência de Deus e de mística que até hoje tem marcado toda a tradição cristã ocidental e que se encontra no coração da identidade daquilo que por isto se tem entendido e se entende.

Por outro lado e ainda mais, está talvez o risco igualmente aí implícito de ignorar que todas as condições de vida, inclusive no interior da Igreja, têm uma dimensão mundana, sociopolítica. Se assim é, todos os aspectos da vida, inclusive os intra-eclesiais, implicam uma resposta feita de ressonâncias igualmente "mundanas", político-sociais, já que ninguém é neutro frente aos desafios históricos diante dos quais é posto. A pretensa neutralidade em relação ao real, quando se trata das coisas do Espírito, está bem próxima do mascaramento — voluntário ou involuntário — de ideologias e interesses e é tão perigosa para uma teologia e espiritualidade sadias como o entusiasmo desordenado e ingênuo pelas realidades terrestres (Forte, 1987, p. 41). Levar este ponto a sério pode significar um quadro de mudanças e avanços bastante significativos na maneira de pensar e entender a vocação cristã.

Em algumas tendências teológicas mais recentes, no entanto, percebe-se nitidamente a tentativa de superação das contraposições acima mencionadas. Questiona-se se não seriam empobrecedoras, ou mesmo um tanto redutoras da amplidão do espírito da eclesiologia conciliar, baseada sobre a categoria totalizante de Povo de Deus (Cf. as Teologias de Forte, Congar, Comblin, etc).

Essas teologias mais recentes propõem a superação das citadas contraposições por meio de um novo eixo, feito de tensão dialética: o eixo comunidade/carismas, ministérios. Assim a Igreja redescobriria sua vocação de comunidade batismal englobante, no interior da qual as vocações são ouvidas, acolhidas e assimiladas pelo todo da Igreja; os carismas são recebidos e os ministérios exercidos como serviços, em vista daquilo que toda a Igreja deve ser e fazer. A vida espiritual de todo o Povo de Deus pode beber do mesmo Espírito que não discrimina suas maravilhas segundo as categorias jurídicas, derramando-as com total prodigalidade e generosidade sobre todos aqueles e aquelas que, pelo Batismo, foram enxertados no mistério de Cristo e passaram a encontrar nele o mais profundo e verdadeiro de sua identidade. E pode, sem riscos de "inadequação", encontrar pela via da inspiração as diferentes expressões deste Espírito no mundo e na história, na vida pessoal e comunitária.

Em uma Igreja assim configurada, os ministros são os servos da comunidade; os religiosos são como que sinais e testemunho dos valores escatológicos para todos. E os chamados — um tanto inapropriadamente — "leigos" não deixam de viver uma consagração, que não é menor ou menos radical do que aquela vivida por qualquer outro segmento do Povo de Deus.

Trata-se igualmente de uma Igreja que traz uma abertura maior, que ultrapassa inclusive a concepção de vocação entendida apenas *ad intra*. Se o Concílio proclama e convoca os cristãos para a união de todas as Igrejas cristãs e se esta se dá no Batismo que, por sua vez cristãos de diferentes denominações recebem validamente como introdução na vida cristã (Cf. *Unitatis Redintegratio*, n. 3 e 22), ousaríamos dizer que a vocação cristã não se limita, portanto, apenas ao interior das fronteiras da Igreja Católica Romana. Atinge, ao invés, todo o *orbe* cristão, em virtude do sacramento de iniciação, que inclui a todos os que professam a fé em Jesus Cristo e a ele desejam seguir. Existe aí uma nota ecumênica delicada e de grande valor que nos parece seria extremamente fecundo explorar durante este ano vocacional.

Inclusive a contribuição de uma tal abertura em sentido ecumênico implicaria ter ouvidos atentos e humildes para aprender das outras Igrejas toda a riqueza que nos podem ensinar a respeito da vocação cristã batismal (Cf. Taborda, 2001, pp. 241-242).

Neste particular, a Igreja oriental pode talvez fornecer pistas valiosas, no sentido de que foi mais capaz de conservar e preservar os pontos nodulares da teologia bíblica e da concepção que esta traz do cristão, da sua vocação e identidade. Para a Igreja oriental, todo membro do povo — *laós* — de Deus, qualquer que seja seu lugar dentro do conjunto deste povo, é "pneumatóforo", ou seja, "portador do Espírito", em virtude da dimensão visceral e profundamente pneumática dos sacramentos da iniciação cristã: o batismo, a crisma e a eucaristia (Clement, 1985, pp. 55-56).

Carismático porque ungido pelo Espírito, todo batizado é rei, sacerdote e profeta na unidade do povo de Deus (*laós thé-*

ou). E o povo de Deus, assim formado, inclui todas as vocações e não apenas os leigos opostos ao clero, mas sim o pleroma do Corpo de Cristo, onde todos são leigos (porque povo) e sacerdotes (em virtude dos sacramentos) e onde o Espírito diferencia os carismas e os ministérios[8].

Se adotamos esta perspectiva e dela aprendemos, parece-nos, portanto, impróprio continuar falando em termos de vocação apenas no sentido direcionado ao sacerdócio ou à pertença às ordens e congregações religiosas. Impróprio seria igualmente permanecer aferrado a diferenciações que identificariam uma espiritualidade adequada para o clero, outra para os religiosos e outra ainda mais própria aos leigos ou mesmo "leiga" ou "laical". Não teria sentido, nem cabida, dentro de tal visão de Igreja. Na verdade, se a Igreja em que cremos é aquela composta por todos os batizados, ou seja, por todos aqueles — homens ou mulheres — que encontram sua identidade e sentido de vida na pessoa de Jesus Cristo e na abertura a Seu Espírito, as vocações — todas elas — apontam em uma só direção: a santidade, entendida como a radicalidade da vida cristã.

A espiritualidade que sustentaria tal diversidade de vocações, portanto, não poderia ser outra senão a espiritualidade mesma da vida cristã. O batizado, incorporado a Cristo e ungido pelo Espírito, é partícipe das riquezas e responsabilidades que seu Batismo lhe dá. E por isso, não é menos "consagrado" nem menos vocacionado que outros. O fundamento da vida de todo cristão continua a ser a consagração batismal e é desta que decorre sua vida espiritual e a vocação pela qual se configurará seu serviço à Igreja e ao Reino de Deus (Forte, 1987, pp. 31, 35).

O fato de que nesta única espiritualidade existam diferentes carismas e vocações não elimina a constatação de que ela en-

---

[8] Importa no entanto fazer a ressalva que já mesmo na teologia do Ocidente se encontram tendências nessa direção. Ver, por exemplo, a afirmação de Forte (1987, p. 31) no sentido de que a eclesiologia que emerge de uma concepção não "compartimentada" do Povo de Deus é uma eclesiologia total e a laicidade passa a ser assumida como dimensão de toda a Igreja presente na história.

contra sua raiz num único chão: o do Evangelho de Jesus Cristo, do qual se depreende somente toda e qualquer experiência de vida no Espírito que reivindique para si o nome de cristã. Conforme esta espiritualidade for sendo vivida por diferentes categorias de pessoas, em diferentes situações e caminhos, poder-se-á falar de multiplicidade de vocações para viver o chamado do mesmo Deus. Enquanto é bom e rico que haja ministérios múltiplos, nos quais se realiza o dom e o compromisso de cada batizado, fazer demasiada ênfase nas diferentes categorias de laicato, contrapondo-a ao clero ou à vida religiosa, só vai resultar em uma abstração negativa, que empobrecerá toda a vida eclesial (Forte, 1987, p. 37).

É nesta encruzilhada resultante de mais de dois mil anos de história que a vida cristã se encontra e, em meio a ela, a questão da vocação e o estatuto eclesial dos cristãos, talvez um pouco inadequadamente chamados "leigos", que buscam há muito, trabalhosa e pacientemente, o perfil de sua identidade em meio ao povo de Deus. Esse número majoritário de cristãos batizados que há tantos anos são considerados e tratados como cidadãos de segunda categoria dentro da Igreja, mas que permanecem com grande sede espiritual e imenso desejo de santidade, encontram-se insatisfeitos e perdidos, em busca de um caminho que lhes seja possibilitado, a fim de viver plenamente sua vocação e missão.

Trata-se — para o cristão batizado, qualquer que seja ele — de uma consagração existencial, ou seja, de fazer da própria vida um sacrifício que seja agradável a Deus. Tudo que o leigo é e faz, portanto, é parte dessa sua consagração primordial do Batismo, como membro pleno do Povo de Deus.

O Batismo é, portanto, a consagração cristã por excelência e todo cristão que passou por suas águas torna-se, então, outro Cristo, ou seja, representante ou vigário de Cristo no mundo. Pela unção do Espírito, é estabelecida desta forma uma correspondência entre a vida do cristão e a de Cristo.

A vida de Cristo será então o exemplo predecessor e gerador de uma vocação e um estilo de vida. E para o cristão, o que importará somente será receber seu Espírito, segui-lo em sua vida, assumindo seus critérios e atitudes. A consagração batismal instaurará, então, uma correlação entre Cristo e o discípulo, na qual o Espírito é o consagrante e o cristão é o consagrado.

A santidade como utopia da vocação cristã

As religiões monoteístas do tronco abraâmico (judaísmo, cristianismo, islã) têm no encontro humano com o Deus único o Incondicional profeticamente revelado, o fundamento da normatividade universal do seu *ethos* (Küng, 1992, p. 75). A fé cristã afirma ser esse encontro com o Deus de Jesus Cristo, cuja sacramentalidade é celebrada no Batismo pelo ritual da "passagem pelas águas", a experiência de um sentido radical do existir, uma teonomia fundante da liberdade e responsabilidade pessoais, um enraizamento experiencial da pessoa no Incondicionado que lhe assegura, a um só tempo, a liberdade e o limite (Mathon, 1992, p. 704 e Festugière, 1949).

Um termo da mais tradicional versão grega da *Torah* judaica, a Septuaginta, designa o fundamento do *ethos* do cristianismo nascente. A palavra em questão é *ágape*, usualmente traduzida por amor. Aqui se intenta significar uma concepção de amor para a qual não parecem nem adequados, nem idôneos, os verbos e substantivos mais usuais na língua grega como *Eros, filia, storgé*. No amor/*ágape* se destacam a generosidade desinteressada e oblativa — sem outro interesse ou possibilidade de gozo e satisfação que não seja seu próprio exercício — e a disponibilidade para uma saída de si em direção ao outro. A não-profanável alteridade é o ponto de partida dessa doação de si, que tem sua raiz num Deus doador que é seu próprio dom. Esse Deus que se revela, e é percebido e adorado como sendo Ele mesmo amor. Tal como expressa, com ofuscante clareza, a primeira carta de João: "(...) quem não ama, não descobriu Deus, porque Deus é amor" (1 Jo 4, 8). É neste amor que o Batismo introduz todo aquele ou aquela que o recebe. E é desse amor que brotará o chamado, a vocação específica de cada batizado. Mais: é esse amor que constituirá, em si mesmo, a vocação mais autêntica e profunda daquele ou daquela que pelo sacramento do Batismo se dispôs a todas as conseqüências que implicam a vida nova proposta por Jesus Cristo.

É verdade que os pensamentos, palavras e obras dos batizados freqüentemente não guardam qualquer traço de fidelidade para com a Revelação do Deus/*ágape* em Jesus de Nazaré. Mas nem por isso se apaga a Luz que ilumina algumas constantes do dever Ser do *ethos* cristão, a mesma Luz que o prólogo do Evangelho de João nos informa que brilha nas trevas sem que as trevas a apreendam (Jo 1, 5). Uma primeira dessas constantes é a universalidade (Caffarena 1991, p. 188), que veta qualquer acepção de pessoas, no exercício da propriedade mais própria do cristianismo: a efetividade do amor. Dessa efetividade não pode estar excluído ninguém, nenhum dos ontologicamente carentes seres humanos, nem mesmo os inimigos e os criminosos. Todos são chamados a encontrar a cidadania do arrependimento e da reconciliação no amor incondicionado, que é a sempre aberta Porta do perdão: o Crucificado Ressuscitado. O Evangelho de Jesus Cristo tem o louco afã de impregnar de amor mesmo os recantos mais ensombrecidos da realidade, incluídos no abraço da Graça sempre maior que os pecados e a destruição da solidariedade. Rezar pelos inimigos, aos agressores oferecer a outra face, eis o desconcertante cerco que o Deus de Jesus Cristo fecha em torno àqueles que por Ele são "livremente agrilhoados".

Uma segunda constante é seu compromisso preferencial, sua parcialidade. O Deus/*ágape* veio ao mundo não para salvar "justos" mas "pecadores", comprometendo-se em primeira linha com o destino dos fracos, doentes, pobres, marginalizados, excluídos. O Verbo de Deus que tem em si a vida (Jo 1, 4), tem a parcialidade do compromisso com aqueles onde vê seu dom mais agredido e empenha-se ao lado das vítimas do desamor dos homens. Mas mantém, também aos agressores, sempre aberta a Porta do arrependimento e perdão. Isso significa: solidariedade amorosa, que traz consolação no sofrimento, partilha na carência. Experienciar na carne a alteridade dos sofredores é misterioso processo de substituição (Levinas, 1974, Cap. IV), que a fé e o paradigma crístico revelam enraizado na potência libertadora do amor/*ágape*.

Outra constante é a ruptura de todos os limites apenas humanos. Encarnado no criatural, o amor/*ágape* explode sempre, em dor e júbilo, os limites dessa sua morada. Paulo de Tarso soube expressar magistralmente essa tensa ruptura libertadora, a luta interior onde tantas vezes "(...) não faço o bem que quero mas o mal que não quero" (Rm 7, 19). A capacitação para esse "bem que quero" o cristão a encontra na participação no corpo místico do Senhor Ressuscitado, que vence a morte e o "mal que não quero". Vencer o mal com o bem (Rm 12, 21) é não se furtar a assumir em si toda a vulnerabilidade e mortalidade da condição humana até às últimas conseqüências: é fincar a Cruz no fundamento do *ethos*. É ter como vocação o próprio Jesus Cristo.

O descomunal desafio e dom que o cristianismo coloca diante de seus seguidores tem, portanto, na Cruz referência obrigatória. Um desafio e dom que assusta os que se propõem vivê-lo, cientes da fragilidade de suas opções, da pouca coerência de suas vidas, da magra coragem que anima sua intervenção no mundo e na história, da muita vaidade que habita em nossos corações. Viver o *ethos* cristão é viver no epicentro de uma situação conflitiva: a fissão do humano, levando sua abertura para o divino a uma entrega total. Nessa fissão o Deus/*ágape* teve a primeira palavra: em sua louca aventura amorosa da Criação e da Encarnação. Loucura que tem no velho adágio dos primeiros Padres da Igreja a expressão desconcertante: "Deus se fez homem para que o homem pudesse ser feito Deus." E diante da vertigem dessa absurda desproporção entre nossa estatura e o desafio e dom a ela colocados, nos ajuda a graça divina, em cuja economia o extraordinário se tece com os fios da fragilidade e vulnerabilidade inerentes à condição humana.

A tessitura desses fios está nas mãos do Espírito, que os estira para além dos limites do autocentramento humano e os rompe. Essa ruptura é um movimento de heróica entrega da condução dos rumos da existência a um Outro. Este é o núcleo mais central da vocação cristã. Na verdade, trata-se de um núcleo ex-cêntrico, já que é sempre Outro quem conduz o chamado e o processo. Resta àquele e àquela que é chamado deixar-se conduzir, manifestando a força divina dessa alteridade ali onde é maior e mais evidente a fraqueza humana (Mathon, 1992, p. 704 e Festugière, 1949). Se definirmos todo agir moral como um agir autônomo e responsável, por conhecimento e consciência (Bückle, 1976, p. 49), o ideal da vocação cristã e a santidade concretamente vivida por tantos que a levaram às últimas conseqüências parecem estilhaçar o recipiente conceitual dessa definição.

A santidade é surda aos critérios pragmáticos das causalidades eficientes do agir, ao cálculo utilitarista das conseqüências de cursos de ação alternativos. Seu conhecimento é subvertido pela entrega amorosa a esse Outro por cujas mãos há que se deixar, obedientemente, levar. Seus frutos nascem em misteriosa imprevisibilidade: a certeza de não saber, nem poder saber a razão de fazer o que se faz e escolher e seguir determinado caminho. Mas, por outro lado, saber que se deve fazê-lo, porque se sente e se saboreia esse sentir, e que nesse dever fazer está presente o desejo e a vontade do Outro, que é o Senhor de toda vida humana.

O cristão, por força de seu batismo é, portanto, chamado a viver o amor/*ágape* até o nível do heroísmo. Até além dos imperativos passíveis de fixação jurídica: o mistério da loucura do amor, numa fidelidade perseverante e intensa que transforma a integralidade da pessoa e ilumina a realidade que a rodeia. Sua vocação implica capacidade ilimitada de paixão, de ser "provado" até o fim, seja qual for a forma desse fim.

Chegar a um tal nível de compromisso e fecundidade é longo e doloroso processo de vida, que se resume no combate espiritual: domínio progressivo do "santo" sobre o "não-santo", vitória do "Cristo que vive em mim", de que nos fala Paulo de Tarso (Gal 2, 19-20). Nesse processo o cristão se converte em teóforo, ou seja, alguém que tem sua natureza transformada na do Deus que o habita (Festigière, 1949, p. 114). Seu comportamento no mundo deve ser imagem fiel do comportamento do próprio Deus, que é princípio e garantia da Verdade, do Bem, da Justiça.

Ainda que as hagiografias tradicionais acentuem um heroísmo admirável no exercício das virtudes éticas por parte dos santos, é necessário não perder de vista que a grandeza da santidade independe do reconhecimento social. Ela se situa em, e nos remete a, um horizonte mais amplo que o do exercício humano de virtudes éticas. Esse mais é o Mistério de Deus, vivido "(...) com uma exclusividade que é como um incêndio que a tudo consome" (Nigg, 1986, citado em Bartholo, 1991, p. 16), o incêndio do inextinguível empenho por perfeição dos seguidores do Verbo que nos cobra: "(...) deveis ser perfeitos como o vosso Pai celeste é perfeito" (Mt 5, 48), sem que percamos o sentido de nossa própria carência, imperfeição, pecaminosidade.

Conclusão: a santidade de toda vocação cristã

Hoje, portanto, não menos que ontem o cristão — seja ele clérigo, religioso ou leigo — é chamado a viver sua vocação sempre mais no meio do mundo. Mundo este que não é o mundo idílico, perfeito, completo e reconciliado que parecem descrever muitos dos modernos discursos. Pensamos, em particular, naqueles marcados pelo otimismo dos progressos e conquistas da modernidade, assim como nos que se encontram atravessados de lado a lado pela interpelação legítima, mas nem sempre objetiva, da questão ecológica. A inserção nas realidades temporais ou terrestres é específica para cada um e todos os batizados, podendo acontecer sob variadas formas mais ligadas a carismas pessoais (Nigg, 1986, citado em Bartholo, 1991, p. 41).

No entanto, é em meio a este mundo que o cristão — leigo, religioso ou sacerdote — é chamado a viver o que se chama sua vocação, a descobrir o fato grande e ao mesmo tempo tão simples de que Deus é um Deus que se revela e, mais do que isso, que se deixa experimentar. Assim, ao mesmo tempo em que propicia que o homem sinta o gosto e o sabor de Sua vida divina, Deus entra por dentro da realidade humana, mortal e contingente, na encarnação, vida, morte e ressurreição de Jesus Cristo. Experimentando-a visceralmente, até o fim, "aprende" de sua criatura o jeito de, pelo amor, "kenoticamente" despojado, viver cada vez mais seu modo próprio de existência, que é o de ser o Deus Amor. A revelação de Deus em Jesus Cristo é, pois, o fundamento teológico da relação do homem com o mundo, pois concede dimensão crística a tudo que é criado e ressalta a dimensão cósmica da encarnação (Nigg, 1986, citado em Bartholo, 1991, p. 39).

A esta experiência de Deus, fruto do dom pleno e radical do mesmo Deus, só pode suceder, por parte do cristão, a oblação total e radical da vida, único e mais precioso bem, em culto espiritual agradável a Deus. À entrega divina total só pode corresponder uma resposta e uma entrega igualmente totais por parte do ser humano. Quanto a esta exigência, não existe distinção de categorias, segmentos ou níveis de pertença dentro do povo de Deus. Oferecer-se inteira e totalmente, "oferecer seu corpo como hóstia viva, santa, imaculada e agradável a Deus" (Rom 12, 1) é o culto espiritual de todo e qualquer cristão, seja ele quem for e pertença ele a que estamento da organização eclesial pertença. A este respeito, há que ver a frase do célebre jesuíta brasileiro Pe. Leonel Franca, SJ, cujo centenário ora celebramos e que resume bem o que acabamos de dizer: "Com o absoluto não se regateia. Quem não deu tudo ainda não deu nada. Todo sacrifício tem que ser holocausto" (Cf. também Forte, 1987, p. 31).

É, em suma, o fundamento de toda vocação que o simbolismo da água e sua ênfase dada pela Campanha da Fraternidade não cessa de recordar a todos. É para essas águas, sempre mais profundas, que o Espírito do Senhor hoje nos convida a avançar.

Referências bibliográficas

ACERBI, A. *Due Ecclesiologie: Ecclesiologia giuridica ed Ecclesiologia di comunione nella LG*. Bologna: Dehoniane, 1975.
ALVES DOS SANTOS, P. P. Os Manuscritos de Qumran e o Novo Testamento: Observações Preliminares e a Questão do Corpus Johanneum. In: *Atualidade Teológica*, Revista do Departamento de Teologia da PUC-Rio, Rio de Janeiro, v.III, n.4, pp. 9-49, 1999.
_____. Jesus viveu como um Essênio? Qumran e as raízes do Cristianismo. In: *Superinteressante*, São Paulo, 2002.

BARTHOLO, M. E. *Seja feita a tua vontade*. Um estudo sobre santidade e culto aos santos no catolicismo brasileiro. Rio de Janeiro, mimeo, 1991.

BEOZZO, J. O. *Cristãos na universidade e na política*. Petrópolis: Vozes, 1984.

BINGEMER, M. C. *A Identidade Crística*. São Paulo: Loyola, 1998.

————. Nem homem nem mulher (Gal 3, 28). Reflexão sobre alguns pontos de cristologia feminista. In: *Jesus de Nazaré. Profeta da liberdade e da esperança*. 1.ed. São Leopoldo, RS: Unisinos, 1999.

BOFF, C.; F. BETTO; OLIVEIRA, P. Ribeiro de; WANDERLEY, L. E. & CUNHA, R. A. Os cristãos e questão partidária. In: 1° e 2° Cadernos do Centro de Defesa dos Direitos Humanos de Petrópolis.

BÖCKLE, F. Fé e ato. In: *Concilium*, 47, 1976.

CAFFARENA, J. G. Aportación cristiana a un nuevo humanismo? In: MUGUERIA, J.; QUESADA, F. & ARAMAYO, R. R. (Orgs.). *Ética día tras día*. Madrid: Trotta, 1991.

CASTILLO, J. M. *Teologia para comunidades*. Madrid: Paulinas, 1990.

————. *La alternativa cristiana*. Salamanca: Sígueme, 1992.

CLEMENT, O. L'Eglise, libre catholicité des consciences personnelles. Point de vue d'un théologien de l'Église orthodoxe. In: *Le Supplément*, 155, pp. 55-56, 1985.

CONGAR, Y. *Dictionnaire de Spiritualité* (DSp), t. IX, col. 79, verbete "Laïc et laicat".

ELIADE, Mircea. *Tratado de historia de las religiones*. Vol. I. Madrid: Cristandad, 1974.

FESTUGIÈRE, A. J. *La Sainteté*. Paris: PUF, 1949.

FORTE, B. *A missão dos leigos*. São Paulo: Paulinas, 1987.

GÓMEZ DE SOUZA, L. A. *JUC: os estudantes e a política*. Petrópolis: Vozes, 1984.

————. Tempo e Presença. CEDI, outubro de 1986.

GOPPELT, L. Hydor. In: *ThWNT*, VIII.

KÜNG, H. *Proyecto de una ética mundial*. Madrid: Trotta, 1992.

LAURENTIN, R. Jesus e as mulheres, uma revolução ignorada. In: *Concilium*, 154, 1980-1984.

LEVINAS, E. *Autrement qu'être ou au-delà de l'essence*. La Haye: Martinus Nijhoff, 1974.

MATHON, G. Sainteté. In: *Catholicisme hier, aujourd'hui et demain*, 61, 1992.

NIGG, W. *Grosse Heilige*. Zürich: Diogenes Verlag AG, 1986.

OTTO, R. *Lo Santo, Lo Racional y Lo irracional en la idea de Dios*. Madrid: Alianza Editorial, 1980.

REICHEL-DOLMATOFF, Gerardo. *Desana: Simbolismo de los índios del Tukano*. Bogotá: Vaùpès,1968.
ROCHETTA, C. *Os sacramentos da fé*. São Paulo: Paulinas, 1991.
SILVA, V. *Textos de Qumran*. Petrópolis: Vozes, 1995.
SOUZA, H. J. *Padre Vaz: a filosofia da nossa práxis*. In: *Cristianismo e História*. São Paulo: Loyola, 1982.
STENZEL, A. *Die Taufe. Eine genetische Erklärung der Taufliturgie*. Innsbruck: Felizian Rauch, 1958.
TABORDA, F. *Nas fontes da vida cristã. Uma teologia do Batismo-Crisma*. São Paulo: Loyola, 2001.
TEIXEIRA, F. do Couto. O Sagrado em novos itinerários. In: *Vida Pastoral*, 41, fasc. 212, mai./jun. 2000.
TEPEDINO, A. M. Eclesiologia de comunhão: uma perspectiva. In: *Atualidade Teológica*, v.VI, n.11, pp. 161-189, mai./ago. 2002.
THOMAS, Louis Vincent. *Les religions d'Afrique noire*. Paris, 1969.

…

Caos, criação e corpo: elementos do simbolismo aquático consubstanciados na maternidade de Iemanjá[*]

Denise Pini Rosalem da Fonseca

*Iyé iyé mandja aa, eyin nin iya gbogbo wa
Edjadé, èdjadé kè wa djo, kpélou wa, I manifesta
I manifesta maman, I manifesta èdahoun o
Ewa djo kplèlou wa o, kawa foun yin nin ifè
Eyin la wa m'kpé lênin o, ayé yi ofè ran okan balè
Edjo `edahoun, yémandja, dahoun.*

Iemanjá, você que é a mãe de todos nós,
manifeste-se, manifeste-se, por favor.
Vem dançar conosco.
Mostre sua face, mamãe!
Nós precisamos da paz que você traz para o nosso coração.

Cantiga a *Iemanjá* (Salvador, Bahia, 2001)

Embora em quase todos os idiomas ocidentais modernos seja possível associar a palavra corpo a mais de três dúzias de significados, no senso comum das nossas culturas corpo é principalmente uma porção limitada de matéria, algo que é tangível e que possui forma definida. No centro de um universo cultural dessacralizado como o nosso, a concepção de corpo vem perdendo sistematicamente os seus nexos simbólicos com as idéias de caos — a existência pré-formal — e de criação — a imanência do sagrado.

No entanto, para o homem religioso[1] de muitas das culturas tradicionais os corpos permanecem sendo mais do que meros sinônimos de imanência, pois eles funcionam como a própria reprodução do cosmos e representam a morada do sagrado no mundo. A identidade casa-cosmos-corpo humano, homologada

---

[*] Este trabalho incorpora e amplia a discussão sobre o mito de *Iemanjá* do texto "Mãe d'água, Mãe Terra, Mãe Divina", publicado em FONSECA e LIMA, *Notícias de outros mundos. Lendas, imagens e outros segredos das deusas nagô*. Rio de Janeiro: Historia y vida, 2002. pp. 263-272.

[1] A categoria "homem religioso" adotada neste trabalho é aquela proposta por Eliade em *Lo sagrado y lo profano* (1999, pp. 16-19).

nas culturas tradicionais, fala de uma existência humana aberta para a vivência cotidiana do sagrado, para o fruir de uma vida que é "pura liturgia"[2]. Para muitas dessas tradições culturais nós habitaríamos os nossos corpos, na mesma medida em que habitamos as nossas casas ou os universos dos quais acreditamos fazer parte. Desta maneira, para o homem religioso, sua situação no mundo implica uma inserção em um cosmo perfeitamente organizado a partir do modelo exemplar da criação (Eliade, 1999, p. 127). É por esta razão que falar de corpo para o homem religioso significa falar da sua morada e do sagrado que nela habita, ou seja, corpo é sinônimo de pertença, o que implica uma certa concepção das idéias de caos e criação.

Por outro lado, para que o homem entre em contato com o sagrado é mister que este último se manifeste no mundo de alguma maneira, algo a que Eliade (1999, p. 14) chamou de "hierofania" (do grego *hieros* = sagrado e *phainomai* = manifestar-se).

> Trata-se sempre do mesmo ato misterioso: a manifestação de algo "completamente diferente", de uma realidade que não pertence ao nosso mundo, em objetos que formam parte integrante do nosso mundo "natural", "profano". (Eliade, 1999, p. 15)

Agora, posto que a água preexiste à própria criação, em quase todos os contextos religiosos de que se tem notícia, ela conserva a sua função de remeter o criado — ou seja, aquilo que tem forma, que tem corpo — ao caos primordial — amorfo e sem conteúdos sagrados, pois a criação que consagra a natureza ainda não ocorrera — de tal maneira que o simbolismo aquático acaba por ser "o único sistema capaz de articular todas as revelações particulares das incontáveis *hierofanias*" (Eliade, 1999, p. 98). Daí deriva a sua importância. É desta sorte de conteúdos associados à água que deriva, por exemplo, o simbolismo do batismo, pelo qual o homem profano morre simbolicamente ao submergir na água — o caos

---

[2] Agradeço à Mãe Stella de Oxossi, quinta iyalorixá do Ilê Axé Opô Afonjá, Salvador, por oferecer esta expressão no Prefácio do nosso livro *Notícias de outros mundos*, para tratar da experiência espiritual do povo de orixá no Brasil.

primordial, a vida sem forma, sem corpo — para dela emergir um homem novo, consagrado por Deus e apto a fazer parte do Corpo da Igreja.

E porque o nosso desejo é o de discutir o conteúdo de alguns dos elementos do simbolismo aquático na tradição nagô, nada mais natural que tenhamos começado por evocar a manifestação de *Iemanjá*, a principal das Mães d'Água, a própria personificação da água — o princípio feminino da natureza. Do corpo de *Iemanjá* — que é a água — nasceram todos os demais orixás, bem como a própria humanidade, assim como no *Livro do Gênesis* as escrituras nos descrevem as águas dando nascimento à vida, ao dar corpo ao desejo divino. Na maternidade de *Iemanjá* estão enfeixados os elementos centrais do simbolismo que dão suporte ao *corpus* do mito fundador da cultura nagô: caos — através do elemento água (Mãe d'Água) — criação — através do milho (Mãe Terra) — e corpo — através do peixe (Mãe Divina).

> No princípio criou Deus o céu e a terra (...) e o espírito de Deus era levado por cima das águas...

Assim começa o *Gênesis* (A Bíblia Sagrada, 1977, pp. 1-2), uma descrição poética da origem das coisas do mundo, que Moisés — iluminado e profético — ofereceu ao seu povo. Imaterial, esta narrativa nos fala de dois agentes em perfeita comunhão, compartilhando a eternidade: o espírito de Deus e as águas sobre as quais ele passeia. E porque a Criação já havia começado, Deus dispôs da água — matriz fundadora — para dar corpo a toda a sua obra:

> Disse também Deus: Faça-se o firmamento no meio das águas, e separe umas águas das outras águas. E fez Deus o firmamento, e dividiu as águas que estavam por baixo do firmamento, das que estavam por cima (...) Disse também Deus: As águas que estão debaixo do céu, ajuntem-se num mesmo lugar, e o elemento árido apareça. (...) E chamou Deus ao elemento árido terra, e ao agregado das águas mares. (...) Disse também Deus: Produza a terra erva verde que dê a sua semente (...) Produzam as águas animais

viventes (...) E Ele os abençoou, e lhes disse: Crescei e multiplicai-vos, e enchei as águas do mar...

Até este momento a eternidade não conhecia a idéia da maternidade. Tudo o que havia era o desejo divino; um Ser supremo e assexuado; o Verbo em seu estado puro, que das águas fazia nascer toda a vida, agindo sozinho e flexionando-se no singular.

Já andávamos lá pelo sexto dia, quando Ele, pela primeira e única vez, criou sem mencionar as águas, porém — curiosamente — nesta ocasião o Verbo se fez plural e na sua recriação Ele se fez macho e fêmea:

> Disse também Deus: *façamos o homem à nossa imagem e semelhança*, o qual presida aos peixes do mar (...) E criou Deus o homem à sua imagem: fê-lo à imagem de Deus, e criou-os macho e fêmea...
> (Grifo nosso)

Se, com facilidade, associamos este Deus supremo à imagem de um pai generoso e provedor — essencialmente masculino no seu gesto de dádiva — nossa humanidade nos leva a perceber a água como a grande mãe fundadora da aventura humana sobre a Terra — o princípio feminino da natureza (Chevalier & Gheerbrant, 1982, pp. 598-599).

A leitura do *Gênesis* não deixa dúvida de que água é vida e de que os corpos aquosos são femininos. E se até o sexto dia a Dádiva já havia estabelecido o seu gênero, através do masculino gesto de oferta, restava à porção feminina da Eternidade receber com alegria o presente da vida, para fertilizá-lo e reproduzi-lo em seu corpo líqüido e sem forma. E foi então que, sutilmente, naquele mesmo dia, a Vida concebeu a maternidade.

A identificação das águas do mar com a imagem de uma mãe fecunda é comum a incontáveis tradições culturais. Não bastassem as aproximações fonéticas dos seus nomes em muitas das línguas de origem latina (*Mater [lat.]* = mãe [port.], madre [esp.], mère [fran.]; *Mare [lat.]* = mar [port., esp.], mer [fran.]), os conceitos mãe e mar possuem comparáveis qualidades de matrizes da vida do mundo e receptáculos da alma viva.

Caos, criação e corpo

No panteão nagô a deusa *Iemanjá* foi aquela que ajudou na criação do mundo quando *Olodumare* — o criador — necessitou das águas para completar a sua obra. Fecunda, ela deu vida aos demais orixás, foi mãe de mais de dez filhos e alimentou a humanidade com suas imensas mamas, de onde brotaram caudalosas correntes (Prandi, 2001, pp. 380-381). *Iemanjá* é, portanto, o grande símbolo da maternidade nagô, a grande mãe da natureza, o arquétipo da mulher-mãe e a essência da relação feminina com a prole. Mãe de todos os orixás; a mais conhecida e reverenciada das mães d'água; alterego de Maria Imaculada — a mãe de Deus — *Iemanjá* é a deusa a quem se dirigem todos os pedidos de maternidade e a quem sempre se roga por uma gravidez sadia, onde a leveza do corpo significa a pureza da alma e o merecimento da dádiva da vida.

Suas receitas são sempre de lavados mágicos, de banhos purificadores semelhantes aos das santas águas batismais. Essa magia de águas carregadas de significados sagrados, simbologia pré-cristã e universal, que alaga o universo de representações de *Iemanjá*, está também cravada no imaginário de muitos outros povos ancestrais. No universo de raiz nagô, ela se repete nas práticas rituais destinadas a garantir a saúde do corpo, como também se apresenta em cada gesto cotidiano que reafirme — através da cultura — nossas sinceras buscas de sanidade espiritual.

As águas — como as mães — são fonte e origem da vida; elas são o reservatório de toda a potencialidade da existência; elas precedem toda e qualquer imanência e sustentam a criação. Imergir nas águas é regressar ao que existia antes da concepção, é reintegrar-se ao mundo da preexistência formal. Por esta razão, o simbolismo das águas implica tanto a morte, quanto o nascimento de um novo ser: mais leve, mais puro, mais santo. O contato com a água tem sempre um caráter de regeneração, renascimento, purificação, fertilização e refrigério — palavras que são sinônimos de *acaçá*, no idioma ioruba. *Acaçá* é também um pequeno bolo de milho branco ralado ou moído, cozido até se tornar gelatinoso e envolvido, ainda quente, em folhas de bananeira, que se oferece a *Iemanjá* como obrigação.

Nas águas as substâncias se desintegram, abolem-se as formas, lavam-se os pecados, regeneram-se os seres. Por esta razão, as águas sempre são refrescantes, atraentes, entorpecentes e sagradas (Eliade, s.d, pp. 139-140). É por isto também que *Iemanjá* sempre receberá com alegria uma cesta de presentes junto ao mar, um frasco de água-de-cheiro e um bom prato de *acaçá*.

Como a Mãe Imaculada, as águas têm a possibilidade de conceber a vida apenas pela ação do desejo divino. Da mesma forma que ocorre com Maria, é graças às águas que o mundo se faz transparente e capaz de mostrar a sua transcendência. No batismo a água sepulta o homem velho e de sua essência sagrada faz nascer um homem novo. Quando Deus é invocado para isso, Ele se faz Espírito Santo, paira sobre a água, bendizendo-a por sua fecundidade e, assim santificada, ela cura o corpo e a alma, transformando a saúde no Tempo em salvação na Eternidade (Eliade, s.d, pp. 142-146).

Porém, a figura da mãe — consubstanciada no mito de *Iemanjá* — é também associada ao culto sagrado à Mãe Terra, pois, segundo conta uma de suas lendas (Prandi, 2001, pp. 382-383), foi do corpo fecundado daquela deusa que nasceram as volumosas montanhas, os vales férteis, os caudalosos rios e mares intermináveis: as diferentes moradas de legiões de deuses, dos seres humanos e de seres de tantas outras naturezas. Em realidade, assim como ocorre com *Iemanjá*, todas as grandes deusas foram e são símbolos de fertilidade, todas elas são grandes mães. O mar e a Mãe Terra, juntos e em separado, são símbolos de um volumoso e profícuo corpo maternal. No simbolismo da mãe natureza, a oposição entre a terra e o mar nos traduz a ambivalência da criação, onde vida e morte são os extremos de uma única experiência divina. Se nascer é sair do ventre materno, florescer e dar frutos; morrer é regressar à terra e semear a recriação (Chevalier & Gheerbrant, 1982, pp. 580-582).

A mulher está misticamente ligada à Terra, pois a sua fecundidade é a dimensão humana da fertilidade do cosmos. Também ela — a Mãe Terra — é capaz de conceber sozinha e desta fecundidade espontânea da Terra derivam os poderes mágico-religiosos da mulher, representados, por exemplo, pela transcendência absoluta que reside no mito da Imaculada Mãe de Deus (Eliade, s.d, pp. 153-156).

Contudo, Céu e Terra também se encontram na criação, e da sua união cósmica nasce igualmente a vida. Embora a Mãe Terra, soberana, possa prescindir de um companheiro para a sua reprodução, receptiva por natureza, ela produz e acolhe a semente, como mandou o Criador, para dela extrair a seiva verde da vida.

Iemanjá recebe com entusiasmo as ofertas de *acaçá* e outros pratos preparados à base de milho branco (Verger, 1997, p. 191), um elemento constante também nos despachos dirigidos à deusa. O curioso é que o milho [*Zea Mays*] é um grão de origem americana, desconhecido em África até a modernidade. Esta planta, de alto valor nutritivo e simbólico para os povos ancestrais da América, possui a peculiaridade de apresentar flores de sexos separados, porém, sobre o mesmo indivíduo, onde as espigas femininas têm estigmas tão longos que se assemelham aos fios de cabelo de uma mulher.

Desconheço as razões e os mecanismos pelos quais o milho branco foi incorporado aos rituais em homenagem a *Iemanjá* no Brasil, em Cuba e no sul dos Estados Unidos, até onde sei. Porém, seu valor simbólico para quase todos os povos é uma trilha segura que nos aprofunda na floresta da psique, conduzindo a recantos secretos do inconsciente coletivo onde repousa também o mito de *Iemanjá*.

Para os povos nativos das pradarias americanas, a espiga de milho representa o poder sobrenatural que habita o reino do qual provêm todos os alimentos, a Mãe Terra, aquela que insufla a vida. Em quase todas as civilizações agrárias, as espigas de milho e trigo representam o filho nascido da união cósmica do Céu com a Terra, resolvendo a dualidade feminino-masculino ao oferecer flores de ambos os gêneros. Na arte do renascimento as espigas representam a chegada do verão, a estação das colheitas, o tempo da abundância, o reinado da deusa *Ceres*. Na Antigüidade egípcia a espiga era o emblema do deus *Osíris*, um deus morto e ressuscitado, simbolizando o grão que morre para germinar e cumprir o seu destino de nutrir. *Osíris* é também o filho do Céu com a Terra e, como o milho, ele simboliza a semente que brota do chão fertilizada pela água sagrada do paraíso (Frazer, 1983, p. 497). De uma forma geral, as espigas de milho estão ligadas ao crescimento e à fertilidade; elas são, a um só tempo, o alimento que nutre e o sêmen que fecunda. Os cereais representam, no imaginário humano, a chegada da maturidade — na vida material e espiritual dos seres (Chevalier & Gheerbrant, 1982, pp. 396-397). O milho simboliza o desabrochar de todas as potencialidades, ele é a própria imagem da ejaculação. Não admira que *Iemanjá*, representação soberana da maternidade humana — a Mãe Terra personificada — receba as ofertas de milho — o pão americano — com tanto entusiasmo e alegria.

Porém, é nas águas que reside *Iemanjá* e o seu nome, *Yèyé omo ejá*, significa "mãe cujos filhos são peixes" (Verger, 1997, p. 190). Na imagem do peixe estão enfeixados significados mágicos que são provenientes de incontáveis tradições culturais, porém, curiosamente, todos eles remetem ao universo de representações de *Iemanjá*. Por viver imerso em lagos, rios e mares, o peixe é o sinônimo iconográfico das águas que o abrigam. Por sua enorme capacidade de reprodução, ele é símbolo de vida e de fecundidade. Pela mesma razão, para os povos nativos da América Central, o peixe é o símbolo do Deus do Milho, outra representação da deusa. Na antiga Ásia menor, o peixe é o pai e a mãe de todos os homens. Na Cristandade, a palavra grega *Ichtus* [peixe] permitiu a construção do acróstico *Iesus Christós Theou Uios Soter* [Jesus Cristo Filho de Deus], o nome do Senhor e, portanto, a imagem do peixe é utilizada pelos cristãos como o ideograma que representa o Cristo. Mais importante ainda é o fato de que, por ser alimento, ele simboliza a Eucaristia, o pão sagrado da vida para os cristãos — o corpo do Cristo — e por viver dentro da água, ele representa a salvação pelo batismo (Chevalier & Gheerbrant, 1982, pp. 703-705). Divino por natureza, o peixe, na tradição nagô, ao simbolizar todos esses aspectos, se associa à água e ao milho para representar *Iemanjá*, a Mãe Divina dos povos nagô.

Na cultura indiana a Mãe Divina é simbólica: ela é a realidade espiritual do princípio feminino da criação e seu corpo se confunde com o do sagrado rio Ganges. Para os hinduístas, a Mãe Divina é a Força Vital Universal, o Princípio espiritual em forma feminina.

Na tradição cristã, a Mãe Divina é histórica: ela é a Imaculada Mãe do Senhor, que simboliza a maternidade transcendental e a promessa de purificação. Complexa, ela reafirma a dimensão divina da humanidade, pois, a uma só vez, ela é a filha do seu filho — por haver sido criada por Deus — e mãe do seu Deus — por haver oferecido a Ele a condição de homem.

Na psicanálise, o arquétipo da mãe é a primeira forma que toma para o indivíduo o seu próprio inconsciente. Para o homem moderno — profano na concepção de Eliade (1999) — a Mãe Divina, igualmente etérea e imaterial, seria aquela que instala o Eu, distinguindo a cada um de nós e permitindo a ilusão da individualidade (Chevalier & Gheerbrant, 1982, pp. 580-582).

Na cultura nagô a Mãe Divina é a maior das Mães d'Água, ela personifica a Mãe Terra, ela é a mãe de todos os orixás e, através deles, de todos os homens. Deusa da fertilidade, da criação e da transcendência, sua essência é a maternidade. Feita de água, nutrida de milho e consubstancial ao corpo do Pai — o peixe — ela é mãe, ela é divina. Na cultura nagô, a água é uma deusa-mãe e no corpo da água vivem as idéias de caos, de criação e de morada do sagrado na natureza.

Referências bibliográficas

Antigo Testamento. In: *A Bíblia Sagrada*. Rio de Janeiro: Enciclopédia BARSA, 1977.
CHEVALIER, Jean & GHEERBRANT, Alain. *Dicionário de símbolos. Mitos, sonhos, costumes, gestos, formas, figuras, cores, números*. Rio de Janeiro: Editora José Olympio, 2000. Tradução de Vera Costa e Silva *et al*. 15.ed. Primeira edição, 1982.
ELIADE, Mircea. *O sagrado e o profano. A essência das religiões*. Trad. de Rogério Fernandes do original em alemão. Lisboa: Livros do Brasil S.A., s.d.
_____. *Lo sagrado y lo profano*. Barcelona: Paidós, 1999. 1ª. edição, 1957.

_____. *El mito del eterno retorno*. Buenos Aires: Emece, 2001. 1ª. edição, 1947.

FONSECA, Denise P. R. & LIMA, Tereza M. O. *Noticias de outros mundos. Lendas, imagens e outros segredos das deusas nagô*. Rio de Janeiro: Historia y vida, 2002.

FRAZER, Sir James George *The golden bough. A study in magic and religion*. London: The Macmillan Press Ltd., 1983.

KIDJO, Angélique. Cantiga a *Iemanjá*. In: *Black Ivory Soul*. Brasil: Sony Music, 2002. Copyright by Aye Music Inc., 2002.

PRANDI, Reginaldo. *Mitologia dos orixás*. São Paulo: Companhia das Letras, 2001.

VERGER, Pierre Fatumbi. *Orixás. Deuses iorubas na África e no Novo Mundo*. Trad. de Maria Aparecida da Nóbrega do original em francês. Salvador: Corrupio, 1997.

Perspectivas Éticas e Existenciais

A problemática ética da água: valores e contravalores

Josafá Carlos de Siqueira, SJ

A análise da realidade concreta em que vivemos nos mostra que a racionalidade de resultados, segundo expressão de M. Weber, não tem conseguido dar uma resposta satisfatória à problemática mais profunda do meio ambiente, do qual a água é parte integrante, necessária e insubstituível. A questão dos recursos hídricos tem crescido de ano a ano de maneira progressiva em todas as escalas geográficas no plano global, nacional, regional e local. Os mapas mundiais dos recursos hídricos nos mostram uma situação de contrastes entre regiões e países com grande abundância de água em m^3 por habitante, como é o caso da Islândia, Congo, Brasil, etc, e outros com grande escassez como Kuwait, Faixa de Gaza, Emirados Árabes Unidos, etc. Segundo Shiklomanov (*World Water Resources*, 1988), os dados disponíveis também nos revelam a desproporção global entre água salgada (97,5%), água doce subterrânea (29,9%), águas polares e geleiras (68,9%) e água doce nos rios e lagos (0,3%).

Tudo isso nos mostra que para resolver esta problemática temos que contar não só com a racionalidade de resultados ou técnico-operacional, mas é preciso também que a racionalidade axiológica se faça presente, através de uma escala de valores que possa tratar esta questão desde os aspectos de monitoramento sustentável, até os critérios éticos e educativos, para as mudanças dos padrões comportamentais no uso e reúso da água.

Neste trabalho apresentaremos uma breve abordagem dos contravalores e dos valores que estão relacionados com os recursos hídricos.

Contravalores

Um contravalor que aparece na relação entre água e sociedade é o tratamento antinatural que este recurso vem recebendo ao longo da história, sobretudo após a revolução industrial, acentuado nos tempos mais recentes com o modelo de desenvolvimento que não leva em conta a sustentabilidade dos recursos disponíveis. Os resultados são a poluição de rios e mares, a destruição dos ecossistemas terrestres e aquáticos, o despejo de esgotos nas bacias hidrográficas, etc. Quanto a este último são assustadores os dados da Organização Mundial de Saúde, onde se mostram que 2,4 bilhões de pessoas não têm serviços sanitários adequados e a cada ano morrem cerca de dois milhões de crianças vítimas de águas contaminadas.

Um segundo contravalor consiste na visão objetivista e quantitativa da água, tratando-a unicamente como mero objeto de compra e venda e submetendo-a à lógica do mercado, esvaziando assim o seu caráter de valor e sua dimensão socioambiental. Esta mercantilização da água acaba transformando-a em objeto de lucro para muitas empresas transnacionais, colocando muitas vezes em risco as reservas aqüíferas subterrâneas. Na medida em que ocorre a privatização de algo que tem um caráter público — segundo a Constituição Brasileira — corremos o perigo da primazia do particular sobre o universal. Numa sociedade onde o individualismo é mais forte do que a dimensão solidária, os riscos certamente são maiores.

Outro contravalor diz respeito à ênfase exagerada no discurso da escassez da água. Sabemos que este tipo de abordagem pode encobrir interesses econômicos e políticos e enfraquecer os movimentos de conscientização e educação ambiental que, de maneira lenta e processual, vêm acontecendo nas escolas, movimentos sociais, ONGs, empresas, igrejas e outros setores públicos e privados. Isto não significa ignorar a realidade dramática que alguns países e regiões estão vivendo em relação à escassez desse precioso recurso da natureza, mas o que deve ser evitado é a manipulação do discurso da escassez, sem uma análise mais criteriosa da problemática e das possíveis alternativas que podem ser encontradas. No Brasil, por exemplo, o Estado de Pernambuco é o que possui a menor disponibilidade hídrica social (1.270m^3/hab./ano), segundo Rebolças (1994). No entanto, este valor é considerado como regular de acordo com a ONU (1997). A escassez de água é considerada a nível inferior a mil m^3/habitantes/ano. Assim, ao invés de utilizar o discurso da escassez, que normalmente vem carregado de aspectos ideológicos e catastróficos, devemos priorizar o monitoramento dos recursos hídricos, pois este corresponde melhor à realidade socioambiental.

Valores éticos da água

Um valor ético fundamental da água é a sua dimensão teológica. A água é um substrato abiótico imprescindível e insubstituível para todas as formas de vida do planeta Terra. No entanto, além desta perspectiva biológica relacionada com a sobrevivência biótica, a água possui um valor que vai além desta abordagem existencialmente horizontal. Ela possui também uma dimensão teológica e transcendente. Por ser um elemento que abrigava "o Espírito de Deus que pairava sobre as águas" (Gn 1, 2), ela tem uma anterioridade em relação a todos os demais seres que foram criados por Deus. Ela não aparece como criatura, pois constitui a base imprescindível que o Criador utiliza para manifestar o seu amor na materialização e evolução das pluriversas formas de vida. A água carrega esta presença do Criador na Criação, seja para manifestar a calmaria, a pureza e a transparência do Amor de Deus, seja para revelar a presença do Criador nas correntezas e agitações da realidade humana e social onde Deus está presente. Neste sentido é que todas as grandes religiões e tradições religiosas da humanidade têm a água como elemento simbólico de presença, libertação, purificação, revelação, etc.

Na tradição judaico-cristã, além dos inúmeros significados da água, gostaria apenas de sublinhar uma dimensão pouco falada da água. Refiro-me à dimensão de encontro. Os poços de água sempre foram lugares de encontros de grandes homens e mulheres como Isaac e Rebeca, Jacó e Raquel, Moisés e Séfora, Jesus e a samaritana, entre outros exemplos (Barros, 2003). Na tradição espiritual do catolicismo merece destaque a abordagem dada por São Francisco de Assis à água como irmã, filha de um mesmo Pai e a imagem usada por Santo Inácio de Loyola das fontes de água como dons e bens que descem

do alto, na contemplação para alcançar amor dos Exercícios Espirituais.
O segundo valor ético da água consiste na sua relação biológico-ecossistêmica. A água é indicadora de vida e constitui a base fundamental da sobrevivência dos ecossistemas. Ela alimenta e nutre a biodiversidade, sendo responsável pelo alto e baixo índice da diversidade biológica. Na sua dimensão superficial como subterrânea ela é mantenedora dos grandes biomas mundiais. Nesta perspectiva, a conservação da biodiversidade ecossistêmica e específica deve estar associada profundamente à água. A nova cosmovisão holística e integradora não permite mais uma abordagem desassociada entre a água e a biodiversidade.
Outro valor ético importante da água está relacionado com os aspectos culturais. A água exerce um papel fundamental na sobrevivência e organização da sociedade: saúde, lazer, energia, alimentação, irrigação, pesca, indústria, navegação e integração nacional e regional. Seu valor antropológico se expressa nas culturas milenares, tradicionais e modernas, sendo elemento de autocompreensão das origens e raízes culturais de muitos povos do oriente e do ocidente. A água tem um enorme poder de integração entre raças e culturas. A água favorece a solidariedade dos povos, razão pela qual não pode ser destruída, poluída, mal usada, manipulada e reduzida à condição de objeto. A água está relacionada com os hábitos (*hexis*) e os costumes (*ethos*), elementos fundamentais da semântica da ética.
Finalizando, podemos dizer que a água é um elemento da natureza dotada de valores e direitos, devendo ser cuidada e tratada com respeito e dignidade. A geração presente tem uma responsabilidade em deixar para as gerações futuras fontes de disponibilidade dos recursos hídricos, seja nos aspectos quantitativos, seja nos aspectos qualitativos.
Eis aqui a nossa tarefa de agentes multiplicadores da ética na sociedade: resgatar a dignidade e o direito da água para que ela possa continuar gerando e alimentando vidas, nutrindo nossos ecossistemas e abrigando o espírito de Deus, que continua a pairar sobre as águas.

Referências bibliográficas

BARROS, Marcelo. *O Espírito vem pelas águas*. São Paulo: Editora Loyola, 2003.
POTTER, V. R. *Bioethics: bridge to the future*. New Jersey/Englewood Cliffs: Prentice-Hall, 1971.
REBOLÇAS, A. C. Water crisis: facts and myths. In: *Na. Acad. Bras. Ciências*, v.6, n.1, pp. 136-147, 1994.
SHIKLOMANOV, I. *World Water Resources: a new appraisal and assessment for the 21st century*. IHP/Unesco, 1998.

A água, elemento primordial

Danilo Marcondes

A água... que é origem de todas as coisas.
(Tales de Mileto, Fragmento)

Podemos nos perguntar de que forma a filosofia pode contribuir para uma reflexão interdisciplinar sobre o meio ambiente, especificamente sobre a questão da importância da água no mundo de hoje, com todos os desafios que isso nos coloca. De imediato o pensamento filosófico, de caráter essencialmente teórico e abstrato, parece muito distante dessas considerações. Contudo, se examinarmos a tradição filosófica desde o momento mesmo de sua formação, vemos que não é bem assim.

Tales de Mileto (*c.* 585 a.C.), o iniciador da assim chamada "Escola Jônica", foi considerado o primeiro filósofo exatamente por introduzir uma visão naturalista do universo (*Cosmo*), caracterizada pela identificação de um primeiro princípio (*archê*) ou elemento primordial, no sentido de originário, que estaria na base de todos os processos naturais e daria unidade à própria natureza[1]. Tales afirma ser a água (*hydor*) o elemento primordial (Kirk & Raven, 1957, Cap. II). Não sabemos exatamente porque Tales atribui à água esse caráter. Há, porém, várias hipóteses relevantes a este respeito. Pensa-se, por exemplo, em uma interpretação mais histórica, ou mesmo sociológica, que a concepção de Tales seria ainda uma sobrevivência da tradição mítica. Embora um pensador naturalista e quase se pode dizer materialista, Tales ainda está muito próximo da tradição mítica do pensamento arcaico. De fato, no mito grego a Terra é circundada pelo rio denominado *Okeanos* (donde, nossa palavra "oceano"), que a envolveria por completo. Encontramos também nos mitos da Mesopotâmia

---

[1] É Aristóteles na *Metafísica* (A) que afirma que a filosofia teria começado com Tales de Mileto. Posteriormente Hegel consagra esta concepção em suas *Lições de História da Filosofia*.

e do Egito essa tradição da água como origem. Supõe-se que em regiões áridas como estas a água é um elemento vital para a sobrevivência dos povos, portanto a valorização da água estaria diretamente relacionada a esta importância que ela teria neste contexto. Tanto no Egito como na Mesopotâmia desenvolveram-se civilizações nos deltas, respectivamente do Nilo, do Tigre e do Eufrates, cujo transbordamento no período das cheias fertilizava o solo, permitindo o cultivo e as plantações. Outra interpretação sugere que Tales escolheu a água por ser o elemento que se encontra na natureza nos três estados, sólido, líqüido e gasoso e, por isso, poderia simbolizar de forma mais completa a própria noção de matéria, ou seja, de uma realidade subjacente a todas as coisas. Sabemos, de qualquer forma, que o mais importante no pensamento de Tales, em um sentido filosófico, é que não pensa apenas a água como fenômeno empírico, como objeto de nossa experiência, mas como princípio, como conceito, a partir do qual podemos pensar, tematizar a própria Natureza.

Só conhecemos o pensamento de Tales através de fragmentos, dos quais o mais importante é este em que afirma ser a água o elemento primordial. Com efeito, na discussão posterior na escola Jônica sequer a posição de Tales se manteve, e seus principais seguidores, Anaxímenes e Anaximandro, sugeriram outras hipóteses de elementos primordiais. Apesar disso encontramos na raiz mesma do pensamento filosófico a afirmação da importância da água, seja como elemento vital, seja como símbolo da própria natureza.

É ainda no pensamento dos pré-socráticos, especificamente no célebre e obscuro Heráclito de Éfeso (*c.* 500 a.C.), que encontramos nova referência à água. Este filósofo utiliza em um famoso fragmento a metáfora do rio para representar o fluxo, o caráter mutável e dinâmico da realidade como um rio que passa, que está sempre correndo, e também para indicar a relatividade de nossa experiência, que varia em relação ao tempo e às transformações da realidade e de nós mesmos. Diz o fragmento (91): "Ninguém pode banhar-se duas vezes no mesmo rio, porque o rio já não é mais o mesmo"; posteriormente teria se acrescentado "e o indivíduo também não é mais o mesmo"[2]. A água do rio serve agora, como dissemos, para caracterizar a passagem, a mudança, o caráter dinâmico do real. A água representa assim a natureza enquanto mutável, fluida, dinâmica.

A busca do elemento primordial (*archê*) foi uma das características mais centrais do pensamento dos filósofos naturalistas do período pré-socrático. Diferentes filósofos formularam diferentes hipóteses sobre o que seria o princípio unificador da natureza. É, contudo, com Empédocles de Agrigento (*c.* 450 a.C.) que encontramos o que ficou conhecido como doutrina dos quatro elementos. Segundo Empédocles, devemos supor a existência não de um elemento primordial, mas de quatro: terra, água, ar e fogo. Certamente trata-se de uma formulação eclética que busca conciliar as principais hipóteses rivais da época, reconhecendo mais uma vez a importância da água como um desses elementos. Os quatro elementos estão presentes em todas as coisas e os processos naturais resultam na verdade da combinação de sua combinação. O quente e o frio, o seco e o úmido são por sua vez os estados em que tudo na natureza se encontra, em conseqüência do modo de combinação desses elementos e de seu predomínio. A doutrina dos quatro elementos teve uma influência imensa, sendo adotada quase que universalmente em toda a Antigüidade, chegando até o Renascimento e estando presente, por exemplo, nas teorias dos alquimistas deste período.

Segundo a doutrina dos quatro elementos, o Cosmo é dotado de princípios fundamentais, de cuja combinação resulta tudo que ocorre na natureza. O equilíbrio na combinação desses elementos garante a harmonia do Cosmo. A noção de Cosmo, ela própria, significa um todo equilibrado ou harmonioso. O ser humano, por sua vez, é um microcosmo, inserido como tal no Macrocosmo (a realidade do próprio universo) e compartilhando suas características. O equilíbrio do organismo hu-

---

[2] Há várias versões do fragmento do rio, notadamente 12, 49, 91. Ver a coletânea de fragmentos de Heráclito em Bornheim (1999).

mano resulta assim também da combinação harmoniosa desses elementos. Essa concepção está na base da caracteriologia antiga, adotada também pela medicina grega. Os tipos humanos, sangüíneo e colérico, fleumático e melancólico, dependem do predomínio em cada indivíduo do seco e do úmido, do quente e do frio. Estados alterados, como os estados febris, resultam do desequilíbrio dessas combinações e sua cura pressupõe a recuperação desse equilíbrio. Essa visão é importante, por revelar a concepção antiga da integração do ser humano à Natureza, compreendendo-o sempre como parte dos processos naturais. Nesse sentido pode ser considerada como estando na raiz de teorias como a "ecologia profunda" de Arne Ness e a "hipótese Gaia" de James Lovelock, que concebem a Terra (*Gaia*, para os gregos) como uma unidade essencial (Leis, 1992).

Vemos assim que a água foi interpretada já pelos gregos e pelo pensamento antigo de modo geral como constituindo um elemento central na concepção de natureza, como princípio unificador e como força vital, como base do equilíbrio natural e como símbolo mesmo da própria realidade.

Exploramos inicialmente o papel central que a água tem no início mesmo de nossa tradição de pensamento — filosófico, científico, médico — na concepção de Natureza que se desenvolve a partir daí. Pretendo examinar agora uma outra dimensão dessa questão, igualmente central para nossa discussão, ou seja, a dimensão ética, procurando mostrar como a Ética e a concepção de Natureza compartilham alguns elementos fundamentais.

Encontramos no eminente pensador brasileiro, Pe. Henrique Cláudio de Lima Vaz, uma análise extremamente interessante a este respeito sobre dois sentidos complementares do termo "ética" quanto à sua etimologia (Vaz, 1988). O conceito de ética teria duas origens possíveis.

A primeira, mais comumente considerada, consiste no termo grego έθος, significando hábitos ou costumes de um povo, ou cultura, termo este que os romanos traduziram pelo termo latino *mos, mores*, também significando hábito ou costume, donde se deriva o termo "moral". Foi Aristóteles, em sua *Ética a Nicômaco*, um tratado de ética dedicado a seu filho, o primeiro a utilizar o termo "ética" (*Ethikê*) em um dos sentidos fundamentais que adotamos hoje: uma discussão filosófica sobre a natureza das virtudes e sobre a sabedoria prática (*phronesis*).

Há, contudo, uma outra etimologia possível deste termo, particularmente relevante para nossa discussão acerca da questão ambiental. "Ética" também pode ser originada do termo grego ἦθος, significando morada, abrigo. A preocupação com a ética adquire assim uma nova dimensão, não só das virtudes e dos deveres, mas daquilo que nos abriga e nos protege, de nossa morada, de nosso ambiente. A ética diz respeito assim também à nossa inclusão na realidade que nos circunda, à nossa integração na natureza e na sociedade, à nossa harmonia com essa realidade, em sentido comparável à relação Macrocosmo/ Microcosmo que discutimos anteriormente.

Isso significa que há uma relevância fundamental da Ética para a discussão sobre a integração entre o ser humano e a natureza, para as questões ambientais, portanto, que nos preocupam centralmente aqui. A natureza é a nossa morada e temos assim uma série de deveres em relação a ela, para que possamos habitá-la condignamente e há uma série de virtudes associadas ao nosso modo de habitar a natureza, tais como o respeito, a conservação, o convívio harmonioso.

Isso nos mostra também que a dimensão ética da questão ambiental está em sua própria origem, no significado mesmo do termo e na concepção grega de Natureza, que de alguma forma se perdeu no surgimento da visão técnica de ciência, que se desenvolveu sobretudo a partir do início do pensamento moderno, com a Revolução Científica (séculos XVI-XVII), e posteriormente com a Revolução Industrial (século XIX), quando se passa a associar a ciência com a técnica enquanto modo de manipular a natureza e extrair desta os meios do desenvolvimento material da sociedade (Marcondes, 1992). A posição de Francis Bacon, por exemplo, é ilustrativa desta concepção: "O real e legítimo objetivo da ciência é dotar a vida humana de novas invenções e riquezas" (*Novum Organum*, I, 81).

A Ética é diretamente relevante para a discussão da questão ambiental em múltiplos aspectos. Pretendo destacar aqui apenas três que se encontram inter-relacionados:

1) a qualidade de vida;
2) a responsabilidade; e
3) a relação entre Ética e Política.

Uma das características mais importantes da discussão sobre a importância da Ética contemporaneamente diz respeito exatamente à contribuição de uma postura Ética para a "qualidade de vida" em nosso contexto. É apenas na medida em que percebemos que a postura ética de respeito ao outro, de solidariedade, de integração entre o ser humano e seu meio ambiente, contribui diretamente para melhorar nossa qualidade de vida que podemos legitimar essa postura. Muito mais do que o apelo a sanções, penalidades, proibições, a postura ética será tão mais eficaz quanto mais nos conscientizarmos de que essa postura tem como conseqüência melhores condições de vida para todos que compartilhamos esse mesmo meio ambiente; que devemos ser, portanto, solidários na maneira como nele nos inserimos. São os efeitos e conseqüências positivos de uma postura ética que podem levar à sua adoção de forma consciente, fazendo assim com que se dê uma real transformação em nossa maneira de "habitarmos nossa morada", naquele sentido originário de "ética" que examinamos acima.

Esse ponto nos revela que a Ética Ambiental pode ser em larga escala interpretada como tendo como fundamento uma "Ética da Responsabilidade" (Oliveira, 2000). Se, efetivamente, pensarmos em suas conseqüências para a qualidade de vida como legitimando uma postura ética a esse respeito, devemos entender isso em um sentido ampliado, que se aplica não apenas à dimensão da nossa qualidade de vida, mas deve incluir o nosso legado às futuras gerações. Este é um dos sentidos mais básicos de "desenvolvimento sustentável" e hoje temos consciência disso, em grande parte, devido precisamente à análise histórica de nosso desenvolvimento econômico, ao menos desde o início da Revolução Industrial. Sabemos hoje que aquilo que significou em um determinado momento progresso e prosperidade teve conseqüências danosas para o futuro do meio ambiente, devido à ausência de consciência à época dos efeitos predatórios e mesmo destrutivos de uma industrialização acele-

A água, elemento primordial

rada. Muitas vezes onde havia progresso e prosperidade há hoje esgotamento do solo, escassez de água e outras conseqüências que tornaram mesmo em alguns casos o meio ambiente inabitável, expulsando-nos de nossa "morada". É neste sentido que é preciso que haja uma consciência ampliada das conseqüências de nosso desenvolvimento econômico, no que diz respeito ao meio ambiente, para que ele efetivamente seja não só nosso desenvolvimento, mas para que abra caminho para a prosperidade e a qualidade de vida das futuras gerações.

Finalmente, devemos pensar a "Política" como tendo sempre necessariamente uma dimensão ética. Este deve ser um pressuposto fundamental da política enquanto instância em que se dá o processo decisório que nos afeta a todos, não só como cidadãos de um determinado país, ou membros de uma comunidade específica, mas enquanto habitantes de uma mesma realidade ambiental. As decisões que por delegação os políticos e as classes dirigentes em seus diversos setores tomam, devem pressupor, portanto, uma postura ética que, no sentido examinado acima, assuma a responsabilidade pelas conseqüências dessas decisões e o compromisso com a promoção da qualidade de vida. A execução de políticas públicas e a regulamentação de recursos naturais são, neste sentido, de fundamental importância de um ponto de vista ético (Zajdsznajder, 1999).

Chegamos assim ao ponto de onde partimos, à nossa questão inicial sobre como devemos conceber nossa relação com a Natureza e qual o papel da Ética em nossa conscientização sobre as conseqüências das decisões que tomamos. Vimos como os primeiros filósofos tiveram essa consciência e se viram integrados à Natureza. A busca do elemento primordial representa a possibilidade de pensar a Natureza como um todo integrado, e já nos primórdios deste pensamento Tales atribui à água um lugar central. A concepção do ser humano como microcosmo e, desta forma, como parte do Macrocosmo, por sua vez, possibilita com que esta visão leve a uma concepção ética em que a Natureza é a nossa morada, ou o nosso abrigo, nosso *habitat*, em seu sentido literal. Esta a lição que encontramos já nos filósofos antigos e que pode ajudar-nos em nosso contexto atual a refletir sobre os desafios que as questões ambientais nos apresentam e a tomar decisões que tenham por base princípios e valores éticos.

Referências bibliográficas

BORNHEIM, G. *Os filósofos pré-socráticos*. São Paulo: Cultrix, 1999.
KIRK, G. S. & RAVEN, J. E. *The Presocratic Philosophers*. Cambridge: Cambridge University Press, 1957.
LEIS, H. R. Ética ecológica: análise conceitual e histórica de sua evolução. In: *Reflexão Cristã sobre o Meio Ambiente*. (Vários autores). São Paulo: Loyola, 1992.
MARCONDES, Danilo. Ciência, técnica e natureza: uma análise histórico-filosófica. In: *Reflexão Cristã sobre o Meio Ambiente,*. (Vários autores). São Paulo: Loyola, 1992.
OLIVEIRA, Manfredo A. de (org.). *Correntes Fundamentais da Ética Contemporânea*. Petrópolis: Vozes, 2000.
VAZ, Henrique Cláudio de Lima. *Escritos de Filosofia II: Ética e Cultura*. São Paulo: Loyola, 1988.
ZAJDSZNAJDER, Luciano. *Ser Ético no Brasil*. Rio de Janeiro: Gryphus, 1999.

Aspectos bioéticos no uso da água

André Marcelo Machado Soares
Benigno Sobral
Walter Esteves Piñeiro

O termo "bioética" surgiu em 1971 com a obra *Bioethics: bridge to the future* (Potter, 1971), escrita pelo oncologista norte-americano Van Rensselaer Potter, cuja preocupação primeira era buscar uma saída para o progressivo desequilíbrio criado pelo homem na natureza.

A intenção de Potter era desenvolver uma ética das relações vitais, dos seres humanos entre si e dos seres humanos com o ecossistema. O compromisso com a preservação da vida no planeta se tornou, desta forma, o cerne de seu projeto, que possuía como característica principal o diálogo da "ciência" com as "humanidades". De acordo com Potter, existem duas culturas que, aparentemente, não são capazes de se comunicar: a da "ciência" e a das "humanidades". Esta deficiência transforma-se numa prisão e põe em risco o futuro da humanidade, que não será construído só pela "ciência" ou, exclusivamente, pelas "humanidades". É somente através do diálogo entre "ciência" e "humanidades" que será possível a construção de uma "ponte para o futuro".

Potter apresentou a Bioética na forma de uma "ética geral" a partir da seguinte tese:

> ... em todo membro da espécie humana há, como resultado do processo evolutivo que busca a adaptação perfeita ao meio, um instinto para obter vantagens a curto termo, dando-lhe prioridade em relação às necessidades da espécie a longo prazo. O objetivo da Ética global é a de preparar pessoas capazes de perceber a necessidade de futuro e de mudar a orientação atual de nossa cultura, que podem influir nos governos, no âmbito local e global, a fim de conseguir o controle da fertilidade humana, a proteção da dignidade humana e a preservação do meio ambiente. Estes são os requisitos mínimos para poder falar de sobrevivência aceitável em confronto à sobrevivência miserável (Potter, 1990, p. 97).

Como se pode notar, a preocupação com a sobrevivência do ser humano no mundo foi o motivo que levou Potter a iniciar os estudos sobre Bioética. Atualmente, a atenção da Bioética tem se dirigido ao uso de recursos naturais, de modo particular ao uso da água.

A espécie humana vem sistematicamente comportando-se de forma equivocada no manuseio dos recursos naturais, deteriorando as condições mesológicas como o ar, a água[1], o solo, as plantas, os animais e mesmo o homem. É um grande paradoxo presenciar em uma espécie com tantas potencialidades tamanha insensatez. O planeta é o *habitat* para a preservação dos viventes, e, por conseguinte, incumbe a todos manter o ecossistema biologicamente sustentável[2], ou seja, o *homo sapiens* precisa imprimir ações que evitem o empobrecimento do seu nicho ecológico.

Os danos ambientais acontecem mesmo quando a redução biológica da paisagem tem como intenção a produção de bens econômicos, a exemplo das monoculturas. As demandas da população e a crescente industrialização e seus insumos projetam a redução dos recursos naturais sem que haja uma contrapartida. O ser humano debate-se, com os resíduos expelidos por várias fontes de degradação ambiental. Nos ambientes naturais não figuram esses resíduos, visto que os próprios viventes transformam-se em detritos, constituindo a força motriz da vida e dos futuros recursos naturais. É o permanente ciclo da vida.

Infelizmente, todo esse ecossistema, simples, mas operado sofisticadamente pela natureza, está sendo destruído e reser-

---

[1] "Um levantamento internacional recente analisou os cenários da água dando pontos para cinco itens: recursos; acesso da população; capacidade para manejar e melhorar; eficiência no uso sem perdas; e impacto que tudo isso provoca sobre o meio ambiente. Dos 147 países considerados, o Brasil ficou em 50° lugar. De que adianta ser o país que mais tem água doce no mundo?" (Rodrigues, 2003, p. 36).

[2] As Declarações de Budapeste e Santo Domingo, relativas ao papel da ciência para o século XXI, afirmam: "Dentre as áreas que exigem especial atenção, constam a questão da água potável e do ciclo hidrológico, as variações e as mudanças climáticas, os oceanos, as áreas costeiras, as regiões polares, a biodiversidade, a desertificação, o desmatamento, os ciclos biogeoquímicos e os riscos ambientais" (UNESCO, 2003, p. 52).

vando à humanidade um imprevisível desfecho. Nos idos de 1970, já se calculava que era preciso 200 litros d'água para obter uma espiga de milho, 150 litros produziam uma fatia de pão, 5.600 litros um prato de batatas e para meio quilo de carne se consumia 6.400 litros. O solo consome em torno de 176.000 litros d'água para a produção de uma tonelada de trigo.

Mesmo sendo auto-reciclável e distribuída por todo o planeta, sua capacidade de regeneração é complexificada nas suas inter-relações bióticas e abióticas. A superfície do planeta é constituída de 70% de água. Um bebê é constituído por 90% de água, e o adulto por 70%. Permanecemos nove meses no líqüido amniótico. Formas de vida, saúde e doenças resultam da água com qualidade.

A ONU calcula que aproximadamente 1,2 bilhão de seres humanos bebe água imprópria e 2,4 bilhões não privam de equipamentos sanitários confiáveis. A água contaminada leva a óbito cerca de dois milhões de crianças por ano no mundo. A água possui "valores", "dimensões" e "significados" que vão além de "usos" e que necessitam ser considerados, visto ser referências fundamentais para muitos povos.

A dimensão axiológica da água

No Brasil, o consumo de água gira em torno de 18% dos recursos hídricos e no mundo corresponde ao consumo de 10%. Dados da OMS afirmam que um ser humano necessita de 40 litros diários para preservar sua saúde. Na irrigação, a população brasileira consome 63% da água doce e no mundo aproximadamente 72%. Este é o setor de atividade especifica que mais demanda água. O Brasil, com a sua agroindústria em franca expansão, precisa racionalizar o consumo d'água, pois a produção de grãos trilha pelas águas. Um desenvolvimento sustentável[3] é exigido por ecossistemas delicados, como Cerrados, Pantanal e Amazônia.

---

[3] "O conceito 'desenvolvimento sustentável' entrou no vocabulário popular através do trabalho e publicações da *United Nations World Commission on*

Um outro setor importante é o de energia. Esse é o ramo de atividade econômica que historicamente encabeça o consumo do potencial hídrico brasileiro e que responde, ultimamente, por 97% da produção de energia elétrica. No resto do mundo, essas usinas hidroelétricas[4] respondem pela geração de 25% da energia. A história demonstra que a construção dessas usinas, muitas vezes, desequilibra o ecossistema. Um bom exemplo pode ser observado no filme *Narradores de Javé* (Brasil, 2003).

Estudos mostram que os rios, além de ecossistemas, são verdadeiros "úteros da biodiversidade", necessitando de proteção frente aos resíduos industriais e invasão humana. O avanço dos povos foi trilhado pelas grandes navegações, que construíram suas moradas às margens das águas (Lindahl, 1975, p. 69). Neste sentido, a navegação e a pesca são elementos importantíssimos na vida humana e no desenvolvimento da sociedade. A pesca é o indicador mais simples que se tem para testar a qualidade da água.

A indústria brasileira ocupa o segundo lugar na degradação dos corpos de água, seguido dos esgotos domésticos. No resto do mundo a atividade industrial consome em torno de 20% dos seus recursos de água doce. Mas o processamento inadequado dos seus resíduos é o principal agravante aos danos ambientais.

Água agrega um valor lúdico (lazer, o ecoturismo) e um valor terapêutico, por suas propriedades medicinais. A água é o bem supremo da vida, fundamento de todas as espécies, biologicamente necessário. Nenhum outro elemento a substitui.

Environment and Development (WCED)", sendo definido "como (...) desenvolvimento (...) que atenda as necessidades do presente sem comprometer a capacidade das futuras gerações de atender suas próprias necessidades" (Kinlaw, 1997, p. 82).

[4] Segundo pronunciamento da Comissão Mundial de Ética do Conhecimento Científico e Tecnológico: "Uma ética da construção de barragens implica evitar ou minimizar os efeitos prejudiciais de tais obras sobre o ambiente e a sociedade, bem como maximizar a eficácia dos reservatórios existentes." As barragens, na maioria dos casos, provocam impactos perversos na Ecologia Humana, e, portanto, um manejo sustentável permite redimensionar o deslocamento dos habitantes dessas áreas, minorando sofrimentos (Lord Selborne, 2000, p. 43).

Muitas vezes ela foi também fonte de discórdia entre povos. Nenhuma sociedade prescinde da água para sua harmonia e bem-estar de todos. Seu valor biológico implica valores sociais. Requer controle social enquanto um bem público. Seu valor simbólico e espiritual pode ser verificado entre os povos que têm nascentes, lagos e rios, venerados como sagrados. Na Índia muitos são aqueles que se banham nas águas sagradas do Rio Ganjes. No Rio Araguaia, os índios Karajás acreditam que no fundo das águas do rio está a origem de seus ancestrais. Os cristãos depositam nela um grande valor simbólico, representado por rituais fundamentais, como o Batismo, e sacramentais que envolvem a água.

Além dos valores aqui mencionados, a água proporciona outras dimensões da existência humana, tais como a política (o Nordeste e sua indústria da seca) e a poética (a bela canção *Águas de março* de Tom Jobim).

A água e o princípio bioético da justiça

Em face dos valores e significados assumidos pela utilização da água, seria justo perguntar se este bem poderia ser considerado fundamental para o ser humano. Será que poderíamos erigir em direito humano fundamental o aprovisionamento de água para todos os seres humanos? A resposta não poderia ser negativa, ainda que se venha a cobrar pelo uso. A imprescindibilidade do consumo de água impõe que se a considere como um bem fundamental, exigindo regulamentação e distribuição adequadas e justas.

Atenta à problemática envolvida, a sociedade brasileira instituiu a Política Nacional de Recursos Hídricos (Lei n.º 9.433/1997) que, em seu art. 1º, enumera os fundamentos da Política Nacional de Recursos Hídricos:

> ... a água é um bem de domínio público; a água é um recurso natural limitado, dotado de valor econômico; em situações de escassez, o uso prioritário dos recursos hídricos é o consumo humano e a dessedentação de animais; a gestão dos recursos

hídricos deve sempre proporcionar o uso múltiplo das águas. Além do mais, entre seus objetivos consta o de assegurar à atual e às futuras gerações a necessária disponibilidade de água, em padrões de qualidade adequados aos respectivos usos (Art. 2º) (...) A cobrança pelo uso de recursos hídricos tem por objetivo reconhecer a água como bem econômico e dar ao usuário uma indicação de seu real valor, bem como incentivar a racionalização do uso da água (Art. 19).

Impõe-se, outrossim, recordar algumas das conclusões relatadas por Lord Selborne, quando da elaboração de seu estudo baseado em reuniões ocorridas no seio da Comissão Mundial de Ética do Conhecimento Científico e Tecnológico (COMEST/UNESCO). De imediato, faz remarcar que por trás da "maioria das decisões em matéria de água, encontram-se problemas de acesso e de privação". Ainda que todos tenham necessidade de água, isto não nos daria o direito de consumi-la sem freio. Assim, defrontada com esta situação, a sociedade deverá esforçar-se para fixar prioridades no que concerne ao acesso à água, de modo que as necessidades fundamentais da humanidade sejam satisfeitas tanto quanto aquelas do ecossistema (Lord Selborne, 2000, p. 5). Reconhecendo que noções como solidariedade, justiça social, eqüidade, bem comum e economia do meio ambiente ocupam lugar de destaque nos dias que correm, Selborne apresenta alguns princípios reitores que respondem à necessidade de contribuir para o debate sobre a água, ainda que não sejam exaustivos. Dentre eles, quatro devem ser ressaltados:

1. Os princípios de base a adotar começam pela noção de que todo ser humano tem direito à água necessária para satisfazer suas necessidades de sede, alimentação, de saúde e de desenvolvimento;
2. Os princípios de ética deveriam refletir os conceitos de desenvolvimento durável e de justiça ambiental, baseados sobre a eqüidade entre entidades geográficas, entre países industrializados e em desenvolvimento, entre populações rurais e urbanas, entre gerações e entre administradores e gestores;

3. Garantir os direitos das mulheres a respeito da água doce tem um impacto importante sobre a coletividade; a participação das mulheres nas decisões relativas à gestão dos recursos hídricos é, por conseqüência, um imperativo ético a respeito do desenvolvimento social;
4. O preço da água tem uma forte incidência sobre o acesso à alimentação; admitindo-se que a gratuidade é impossível, a água deverá estar disponível a um justo preço que não seja suscetível de provocar transtornos sociais (Lord Selborne, 2000, pp. 41-47).

Conclusão

Em qualquer consideração sobre a ética das águas, não se pode descurar de dois pontos essenciais: o "direito" que outros seres, não só os humanos, têm de consumir água, bem como o "direito" que as gerações futuras possuem, da mesma forma que a atual, de usufruir da utilização de água. Não se pode esquecer que não só o homem necessita de água, mas também os demais seres vivos, fato enfatizado por Lord Selborne à perfeição (Lord Selborne, 2000, pp. 24, 25, 44 e 45).

Assim, o desconhecimento deste fato pode acarretar conseqüências gravíssimas não só para o meio ambiente, mas também para o homem.

Poucos se dão conta, também, que os recursos disponíveis, considerados essenciais nesta época, poderão ser escassos num futuro próximo. A conscientização da sociedade em favor da manutenção do *status quo* para as futuras gerações é importantíssima. Como adverte Hans Jonas, em passagem que pode ser aproveitada neste passo, não se pode supor, nem obter um acordo relativo à sua existência e mesmo que se o fizesse seria necessário rejeitá-lo, pois há uma "obrigação incondicional" de existir da humanidade, que não pode ser confundida com a obrigação condicional de existir de um indivíduo em particular. Assim, se discute o suicídio individual, mas o direito ao suicídio da humanidade não se discute (Jonas, 1992, p. 62).

Referências bibliográficas

JONAS, H. *Le principe responsabilité*. Paris: CERF, 1992.
KINLAW, D. C. *Empresa competitiva e ecológica*. *Desempenho sustentado na era ambiental*. Rio de Janeiro: Makron Books, 1997.
LINDAHL, K. C. *Ecologia: conservar para sobreviver*. São Paulo: Cultrix, 1975.
LORD SELBORNE. *L'ethique de l'utilisation de l'eau douce: vue d'ensemble*. Paris: UNESCO, 2000.
POTTER, V. R. *Bioethics: bridge to the future*. New Jersey/Englewood Cliffs: Prentice-Hall, 1971.
_____. Getting to the Year 3000: Can Global Bioethics overcome Evolution's Fatal Flaw? In: *Perspectives in Biology and Medicine*, n.34, 1990.
RODRIGUES, V. R. (Org.). *Amigão da saúde. Amigos da escola*. Rio de Janeiro: Instituto Ciência Hoje, 2003.
UNESCO. *Conferência mundial sobre ciência*. Brasília: UNESCO, 2003.

Água de poço: da materialidade do devaneio

Alvaro de Pinheiro Gouvêa

Introdução

Renuncio à eletricidade e acendo eu mesmo a lareira e o fogão. À tarde acendo os velhos lampiões. Não há água corrente; preciso tirá-la do poço, acionando a bomba manual. Racho a lenha e cozinho. Esses trabalhos simples tornam o homem simples, e é muito difícil ser simples (Jung, 1961, p. 198).

Como lembra bem Bachelard: "Nascendo do silêncio e na solidão do ser, separada do ouvido e da visão, a poesia nos parece ser o primeiro fenômeno da vontade estética humana" (Bachelard, 2001, p. 251). Bachelard enquanto poeta e filósofo devaneia sobre a água e os sonhos. Na verdade, a dialética bachelardiana permitirá aos poetas, filósofos e mesmo aos psicólogos estabelecer uma base para a discussão sobre a combinação dos quatro elementos. Os sonhos e os devaneios vivem do substancialismo da lei dos quatro elementos. Como diz Bachelard: "A imaginação material, a imaginação dos quatro elementos, ainda que favoreça um elemento, gosta de jogar com as imagens de suas combinações. (...) A imaginação material tem necessidade da idéia de combinação" (Bachelard, 2002, p. 97). O poço, em particular, é um mundo que movimenta nossa imaginação, combinando esses elementos e criando o ambiente para a reflexão, meditação e conseqüentemente para a fabricação da realidade.

O presente artigo procura fazer uma breve reflexão sobre as águas com vistas a analisá-la através da dialética entre o Eu e o Inconsciente. A princípio, procuramos encarnar o espírito das águas, associando-o à estrutura mandálica[1] do poço. Numa

---

[1] Assim nos fala Jung sobre a mandala: "só pouco a pouco compreendi o que significa propriamente a mandala: Formação – Transformação, eis a atividade eterna do eterno sentido. A mandala exprime o 'Si-mesmo' a totalidade da personalidade que, se tudo está bem, é harmoniosa, mas que não permi-

verticalidade às avessas o poço evoca as raízes das árvores que, como cordas de um balde, vão buscar no interior da terra a água de beber e a água geradora de metáforas e símbolos. No plano do ritmo que associa "água e poço" ver-se-á o devaneio ganhar concreção material na mesma medida em que o poço serve como suporte e vetor para a ação imaginária. O poço possibilitará à psique estabelecer uma dialética imaginária entre as águas arquetípicas da psique e as águas encontradas na terra. Toda a dificuldade desse problema está em entender o entrelaçamento dialético possível do eu com as "águas de fora" (leio aqui "na natureza") e as "águas de dentro" (leio aqui "no homem, na psique, no inconsciente").

Quanto ao devaneio, analisamos brevemente o papel que ele desempenha no reino da imaginação, evidenciando-o como agenciador de imagens dinâmicas que possibilitam ao eu transformar águas arquetípicas em águas imaginárias, metafóricas e simbólicas. Aqui, as "águas imaginárias" aparecem como uma espécie de guardiã dos fantasmas que estão à deriva na imaginação e que buscam o devaneio para se expressar simbolicamente. Assim, o devaneio funcionando como um depositário dinâmico de imagens simbólicas se transforma em veículo do ser. Quanto ao nosso objetivo principal é de mostrar que a partir do contato corporal do indivíduo com as águas reais do planeta, a base arquetípica do psiquismo ver-se-á estimulada a produzir imagens pela ação da imaginação material em devaneio.

A vida arquetípica e imaginária não pode existir sem as mãos trabalhadoras. Em sendo assim, o ato de cavar um poço com as próprias mãos, ou acionar a bomba manual em busca da água no poço, leva a consciência imagizante a produzir metamorfoses pela ação do que chamamos de "imaginação porosa". O uso artesanal das mãos em busca da água nas entranhas da terra conduz a psique ao símbolo vivo pela petrificação da imagem

---

te o auto-engano. Meus desenhos de mandalas eram criptogramas que me eram diariamente comunicados acerca do estado de meu 'Si-mesmo'. Eu podia ver como meu 'Si-mesmo', isto é, minha totalidade, estava em ação" (Jung, 1961, p. 173).

arquetípica. Aqui, a materialidade do devaneio aparece como um caminho para o fortalecimento do eu, revestindo esse último de uma atitude empírica própria da matéria em ação.

Grosso modo, este trabalho trata das interferências da matéria no inconsciente e o seu conseqüente papel na formação da consciência, ou seja, da influência e da eficácia da água da terra na estrutura física e psíquica de cada um de nós.

O eu, a água e o poço

A água é uma fórmula mágica, origem e veículo de toda a vida. Como nos diz Chevalier:

> A água é símbolo das energias inconscientes, das potências informes da alma, das motivações secretas e desconhecidas. Ela aparece comumente nos sonhos onde o sonhador se vê sentado na beira d'água ou pescando. A água é símbolo do espírito ainda inconsciente, guarda os conteúdos da alma que o pescador se esforça para trazer à tona para nutrir-lhe. O peixe é um animal psíquico... (Chevalier, 1969, p. 381).

Mas, é preciso, em primeiro lugar, perguntar-nos sobre qual água e sobre qual poço estamos falando. São muitas as águas e os poços.

O poço é um mundo. Sem dúvida a água em seu dinamismo inspirou a zona visceral de nosso ser a desenhar o poço na terra e às mãos coube a tarefa de concretizar a fascinação tátil do psiquismo cavando na natureza e na psique um lugar para conter e resistir à liqüidez das águas. Água e terra se juntam pela práxis artesanal da imaginação sonhadora que revela o poço como um lugar de encontro e de revelação da consciência. Podemos, então, traçar um paralelo entre a psique e o poço. Efetivamente, para o homem das sociedades arcaicas o poço estava sempre lá, conferindo uma espécie de domínio mágico ao deserto, vilarejo ou cidade e que dava asas à imaginação, desafiando o homem na busca da água de beber e da água enquanto metáfora da "água da vida". Assim, o poço se transformando num continente interior e exterior para amortecer a dialética entre as "águas arquetípicas", as "águas imaginárias" e as "águas reais", forneceria naturalmente ao eu os contornos para a fenomenologia da imaginação porosa. Na busca de um recipiente para encarnar "ser e mundo", o eu encontraria no poço real um lugar para materializar o devaneio de um poço arquetípico e imaginário. É preciso notar que para o eu há tons diferentes de água e de poço, e que haveria três maneiras habituais do eu conjugar a água e o poço. Na primeira, a fantasia irá buscar no poço arquetípico as águas arquetípicas; no poço imaginário as nossas fantasias estenderiam suas raízes em águas imaginárias e, no poço real, as águas reais irão conferir finalmente ao eu a "função de penetração", desmitologizando a imaginação verbal ao dissolver a consciência imaginante na força exterior das águas reais. Logo, o eu pode pensar o poço e a água nesses três registros: o arquetípico, o imaginário e o real, esses níveis de água se interpenetrando numa dialética entre a água e o poço "de dentro" e a água e o poço "de fora". Assim, enquanto um atributo psicológico, o poço aparece como uma espécie de continente para o eu, como um recipiente que serve para conter as águas virtuais do inconsciente, essa "donzela líqüida" tão preciosa para o homem no processo de individuação.

A imaginação porosa

Na psicologia analítica de Jung, a psique como uma máquina de produzir imagens busca diferenciar o consciente dos conteúdos inconscientes. Segundo Jung é preciso confrontar-se com o inconsciente, prestando atenção aos sonhos, fantasias e devaneios. É o próprio Jung quem diz:

> Na medida em que conseguia traduzir as emoções em imagens, isto é, ao encontrar as imagens que se ocultavam nas emoções, eu readquiria a paz interior. Se tivesse permanecido no plano da emoção, possivelmente eu teria sido dilacerado pelos conteúdos do inconsciente. Ou, talvez, se os tivesse reprimido, seria fatalmente vítima de uma neurose e os conteúdos do inconsciente destruir-me-iam do mesmo modo (Jung, 1961, p. 158).

Assim, enfaticamente Jung chega à seguinte conclusão: "Minha experiência ensinou-me o quanto é salutar, do ponto de vista terapêutico, tornar conscientes as imagens que residem por detrás das emoções" (Jung, 1961, p. 158). Aqui se encontra a base de toda a psicanálise junguiana.

Atendo-nos ainda mais à forma lógica da psicanálise junguiana, reportamo-nos ao conceito junguiano de *unus mundus* ou mundo unitário. Ao introduzir a idéia pré-newtoniana do *unus mundus*, Jung postula uma afinidade da psique com a matéria. Existe entre elas uma afinidade ressonante. Postula que seria fundamental romper as barreiras da linguagem verbal e partir para uma práxis de combinações possíveis entre a psique e a matéria. O objetivo seria o de poder lidar com as emoções, dando-lhes forma. Concluiu que o espírito humano, ao buscar uma forma subjacente na matéria, se libertaria, pela projeção, das imagens por demais comprometedoras para o eu. A psique realiza sua alquimia existencial e metafórica na natureza e nas coisas. Quanto à verdadeira química do *Self* (Si-mesmo), inventiva e criativa, segundo Jung, ela apresenta um dinamismo, cujas forças são de fonte cósmica e direcionam suas águas borbulhantes na direção das coisas no mundo externo.

O mundo das coisas concretas é venerado pelo inconsciente. O inconsciente quer e precisa distinguir, através de suas raízes no mundo das coisas, uma estética mosaica. Nessa última, o ser do homem se espelha, estruturando-se através do lidar com os objetos na natureza. As substâncias orgânicas povoam nossos sonhos para nos lembrar que na raiz do nosso ser existe um materialista nato. Portanto, a vida é fruto da conjunção de "águas de dentro" com "águas de fora". A terra em que cavamos o poço está intimamente vinculada à materialidade orgânica do nosso psiquismo. É preciso notar que esse materialismo inspira o inconsciente para o problema da fabricação da realidade. A imaginação é de inspiração orgânica material. Jung, já em idade avançada, dizia: "Quanto mais se acentuou a incerteza em relação a mim mesmo, mais aumentou meu sentimento de parentesco com as coisas" (Jung, 1961, p. 308). O problema está em saber manter o diálogo entre o elemento criador interior (o *daimon*, em sua ação presente em nosso ser) e os objetos na natureza (as fontes das imagens). Faz-se necessário, ao psicólogo, encontrar uma metodologia que possa levá-lo a poder usar os objetos como instrumental de trabalho analítico. Uma psicanálise pela matéria abandonaria a estética literária para dar lugar a uma estética porosa. A imaginação porosa se transformaria então em material para a análise e cura das neuroses.

Ao propor uma psicanálise menos verbal e aberta para o manuseio onírico, pelo uso da argila como instrumental de trabalho analítico, no livro *A tridimensionalidade da relação analítica* enfatizamos a importância das mãos no lidar com nossas emoções e fantasias:

> As mãos tornam funcionais os fantasmas e as fantasias. O contato firme das mãos com a matéria assegura ao imaginário a estabilidade da consciência frente às variações instáveis dessa caverna incomensurável que é o inconsciente. As mãos grudam na argila como uma criança à saia da mãe, e juntas levam o analisando ao interior de si mesmo, fazendo-o penetrar em regiões antes insondáveis (Gouvêa, 1999, p. 148).

A argila, uma mistura de água e de terra, cria uma imagem particular (terapêutica, ética e poética) que levará o analisando a vivenciar sua própria metamorfose. Assim, pela materialização do devaneio, o analisando vivencia a catarse manual. Aqui, o imaginário e o racional, numa aproximação alquímica com a matéria, dá surgimento à imaginação porosa.

A imaginação porosa evoca o materialismo da infância. O dinamismo da imaginação porosa tem sua fonte de imagens associada ao mundo material. O eixo dessa imaginação está dirigido para o mundo externo, transpondo, num diálogo contínuo, a ordem dos fatos psíquicos. O eu formaliza-se numa coesão com as forças da matéria. A dialética entre o eu e o inconsciente ganha substância no momento em que o eixo "Ego-*Self*" funda suas raízes metaforizantes numa ontologia, cujo *cogito* valorize os inevitáveis entrechoques travados com o mundo das coisas concretas. A ordem dos objetos no exterior faz confidências ao eu ávido de imagens palpáveis. Aqui as mãos em comunhão com as coisas se descobrirão como agentes capazes de encarnar o substancialismo do eu. Diríamos que existe nas mãos que cavam o poço um retorno aos afetos uterinos. Este retorno imaginário ao útero libera a imaginação de um radicalismo seco. Através das mãos as longas cadeias de complexos se comunicam com a água e a terra, produzindo uma ressonância que será mineralizada em barro. O método consiste em modelar esse barro de inspiração narcísica, fazendo surgir do inconsciente uma imaginária onírica, cujas imagens dinâmicas são de natureza energética. Cabe ao eu moldar essa carga onírica.

Da materialização do devaneio

O devaneio, quando metaforizado através da lei dos quatro elementos, se verá inserido no entrelaçamento dialético entre "águas reais" e "águas arquetípicas". Aqui, a água e o poço alimentarão o imaginário do homem, inserindo-o na ordem simbólica. Assim, para não deixar sucumbir o eu num dilúvio de águas metafóricas ou, ao contrário, deixá-lo prisioneiro de exigências do mundo externo, a imaginação entra em devaneio. O devaneio está em parte sob o signo das águas, mas necessita da estrutura circular do poço para metamorfosear-se em ego. O risco para o indivíduo seria o de se perder na imensidão, no sem limite das águas metafóricas que habitam a imaginação. Ou seja, naufragar-se nas águas ainda pantanosas da psique humana, alimentando inconscientemente metáforas daninhas, e evocando a ação de um psiquismo voltado para a solidão da imaginação pura da linguagem verbal.

Existem, psicologicamente, diferentes graus de devaneio: o devaneio vinculado a uma ontologia totalmente voltada para um idealismo ou materialismo racional e o devaneio poroso que evoca o onirismo na matéria. Desse último aprendemos a imaginação porosa. Esse devaneio que nasce da ação concreta do ser na natureza é de estrutura artesanal e ao resistir às forças inconscientes acaba revelando-as de uma forma nutridora para a psique. Na clínica, a materialização do devaneio suscita no eu o desejo realista de um movimento que o faz desprender-se das evidências substancialistas comumente expressas na linguagem verbal.

A estrutura harmônica da matéria estimula o devaneio, emprestando-lhe um caráter particular. Portanto, a função primeira da imaginação porosa será a de fazer aflorar na matéria as imagens reveladoras do ser. Tais imagens a princípio se encontram presentes no devaneio, numa aparência ainda menos sólida. Num segundo momento, o devaneio une a palavra ao verbo. Vemos, a seguir, o verbo alinhar-se à matéria, encarnando através das mãos a subjetividade sonhada pelo inconsciente. Num exame minucioso desse devaneio certamente perceberíamos as imagens dos sonhos e as formas concretas das matérias fundirem-se umas nas outras, ativando a imaginação porosa. Esse estetismo da imaginação instaura uma nova maneira do ser agir na natureza para criar realidade psicológica. Assim, as mãos extraem o significante, registrando na matéria o que a linguagem verbal excluiu.

A água e a terra onde cavamos o poço são de alguma forma um organismo aberto da natureza para a materialização do devaneio. O devaneio é a massa úmida que possibilita ao eu fabricar consciência. Como uma árvore que anda pelos pântanos inconscientes do sonho e das pradarias do mundo material, o devaneio irá juntar-se à propriedade feminina e dissolvida da água em busca do símbolo. A imaginação projeta-se na matéria e abandona as massas monstruosas e moles do pântano inconsciente e parte rumo a uma terra firme. Notemos que, na imaginação porosa, o objeto concreto é para onde convergem esses fantasmas imaginários, aparecendo como lugar ideal para a materialização do devaneio.

Na imaginação porosa, o indivíduo, seguindo as ações dinâmicas e menos aquosas das paisagens inconscientes, sublimaria seu instinto do "sem limite do ser", a fim de dar ao eu um sentimento de poder ter um alojamento para seus fantasmas e fantasias. É preciso não esquecer o papel das mãos na imaginação porosa. Através delas o movimento instintivo sensório-motor desbloqueia a função realizante antes entorpecida pela passividade da imagem verbal, e fixa o fantasma em formas mais mosaicas de ser. Assim, o desejo acaba produzindo uma imagem arquetípica que irá juntar-se ao elemento material na natureza, e vir a produzir uma massa imaginária que, associada às mãos do sonhador, possibilitará ao indivíduo traduzir suas emoções em imagem. Essa é a tarefa do ser no mundo: traduzir emoções em imagens.

Das águas arquetípicas

Toda consciência imagizante vive sua metamorfose a partir de uma base arquetípica. Segundo Jung os arquétipos são nós de energia e servem de base para toda imaginação sonhadora. A zona visceral de nosso ser é de base arquetípica, e por estímulo do mundo exterior emite uma imagem (imagem arquetípica), cujo objetivo é desenhar o curso, até certo ponto inalcançável, do processo de individuação. A função da imaginação é produzir formas que ajudem ao eu produzir consciência. Portanto, toda imaginação possui uma base arquetípica e tem uma fascinação pelo que é tátil, líqüido e viscoso.

A docilidade do viscoso e do líqüido seduz o inconsciente em seu devir. Assim, a primeira abertura do ser para o mundo material encontra sua plenitude no dinamismo das águas e na viscosidade sonhadora do barro. A água arquetípica deseja a água real para materializar na mineralidade do barro a sede de concretude do ser. E as águas, enquanto uma massa arquetípica inconsciente e virtual, saem em busca de ação e paixão, a fim de realizar o desejo. O conjunto das diversas determinações arquetípicas, na sua louca tentativa de sair de si mesmo, apóia-se numa infinidade de possíveis. E a água arquetípica, germe dos germes, fonte dos devaneios os mais longínquos, procura um lugar na terra para criar um outro mundo, o mundo das águas imaginárias.

A psique é natureza. Na água arquetípica, fonte virtual de energia, o ser do homem se une à natureza. Enquanto uma força arquetípica, a pulsão encontra mobilidade no desejo de um contato real com o objeto fora. No inconsciente a água mitológica procura estabelecer um contato real com a natureza para dar materialidade ao devaneio. Para a psicologia, a princípio, essa sede de concretude se manifesta através de imagens que insistem em explicar o mundo interno pelo externo. Mas, sobretudo, é preciso não confundir as águas arquetípicas com as águas imaginárias e, estas últimas, com as águas reais. Diríamos que na ânsia de fecundar a terra, as águas arquetípicas acabam metamorfoseando-se em águas imaginárias no momento em que a psique humana, através dos sentidos, mergulha o ser em águas reais.

Das águas imaginárias

O que é um poço imaginário de águas igualmente imaginárias?

Como os poetas, poderíamos dar asas à imaginação e refletir sobre o dinamismo íntimo de criação das imagens metafóricas e simbólicas. Não há dúvida que a imagem é vetor do simbólico. Numa sede ancestral de ser, imageticamente somos levados do fenômeno de uma sede concreta às oscilações imagéticas de uma sede imaginária. Em outras palavras, águas profundas que habitam ora fora e ora dentro de nós, criam as condições psicológicas para uma imaginação material. A sede de ser eu mesmo (ter um ego) se confunde com a sede natural do organismo, e ambas se juntam pouco a pouco, situando-nos num plano intermediário entre o sonho e a realidade: o plano do devaneio.

Dentro da caverna clara e obscura do devaneio levemente sentimos a necessidade de objetivar o desejo inconsciente. Esta ação imagética obedece a uma fascinação pelos elementos da natureza. Como observamos anteriormente, uma reação arquetípica e visceral produz uma água imaginária que se junta à necessidade orgânica de uma água real. Uma atitude empírica e complexa materializa a ação do desejo e desenha um poço de formas arredondadas no interior do qual brota a água viva. Aqui o poço nasce como o recipiente ideal para fixar o desejo na aventura da estética sensorial. E eis que o caráter arquetípico do desejo, agora envolto no erotismo oral de uma sede também orgânica, arquiteta um poço imaginário, necessariamente redondo em sua imagem visualmente expressa.

A imaginação se desenvolve em profundidade, transformando águas arquetípicas e imaginárias em águas reais. A estética do visível e tátil arranca o indivíduo de sua solidão existencial pela combinação desses quatro elementos ao nível imaginativo e racional. Através do manuseio da terra, em busca da água, forjamos uma imagem arquetípica. A imagem arquetípica não é o arquétipo. Contudo, é pela imagem arquetípica que o sonho alcança a realidade. O sonho usa a matéria e a imagem arquetípica para combinar realidade e racionalidade. Portanto, diríamos que uma fantasia sem matéria encerra relações sem suportes, tornando vã a subjetividade.

O poço de Jacó – Jesus e a samaritana devaneiam sobre a água da vida

Em torno da imaginação dinâmica da água de poço reuniríamos, como fez Jesus e a Samaritana, o devaneio das alturas com o devaneio das profundezas, fazendo fluir do céu e da terra matérias abundantes e aquosas, colocando-nos nas origens subjetivas das metáforas. O espírito das águas cristãs se faz presente no evangelho de São João: "Todo aquele que beber desta água, tornará a ter sede, mas o que beber da água que eu lhe der, jamais terá sede. Mas a água que eu lhe der virá a ser nele fonte de água, que jorrará até a vida eterna" (Jo 4, 13-15). Talvez, ao bebermos da água do poço de Jacó, poderíamos adquirir um olhar de compaixão, um olhar de confidências e de solidariedade, um olhar íntimo direcionado para a imensidão de nossa solidão, da nossa capacidade de perdoar e de transformar. Assim, todos os atributos da água do poço de Jacó se resumiriam nessa única afirmativa: a água de poço é água da vida, que liga os verbos às metáforas pelo mergulho no inconsciente. O poço servindo como continente para o devaneio sobre a metáfora "água da vida" ou "água depressiva" que acompanham toda e qualquer transformação. É na aridez dos desertos, no cascalho presente nas proximidades do poço de Jacó, que Jesus revela a extensão e o limite da viagem interior do homem, alimentando a função religiosa de sua psique.

Nietzsche busca nas alturas o que outros poetas buscaram nas profundezas

A sensação íntima de querer descer em busca da água no fundo do poço poderia combinar dinamicamente com o nosso sonho ascensional, tão comum na dinâmica imaginária de Nietzsche. Numa verticalidade às avessas poderíamos inverter a poética nietzschiana, cujo eixo da vontade vertical coloca a terra acima das águas, o fogo acima da terra, o ar acima do fogo. Segundo Bachelard: "Nietzsche não é um poeta da terra. O húmus, a argila, os campos abertos e revolvidos não lhe ensejam imagens" (Bachelard, 2001, p. 128). Por outro lado, não seria também um poeta da água. É o próprio Bachelard que argumenta: "Sem dúvida as imagens da água não faltam, nenhum poeta pode dispensar metáforas líqüidas; mas, em Nietzsche, tais imagens são passageiras; não determinam devaneios materiais" (Bachelard, 2001, p. 129).

Certamente que poderíamos dizer que tudo o que se desloca no ar desperta o interesse de Nietzsche, contudo o seu vôo imaginário não deixou de receber a marca da dialética do alto e do baixo em busca de uma unidade de imaginação. É o próprio Nietzsche quem diz: "Vós olhais para cima, quando aspirais elevar-vos. E eu olho para baixo, porque já me elevei. Agora, estou leve; agora vôo; agora, vejo-me debaixo de mim mesmo; agora, um deus dança dentro de mim" (Nietzsche, 1977, pp. 57-58). Sem dúvida as imagens da água de poço teriam feito Nietzsche lançar-se à profundidade da terra para alcançar a sua altura, num vôo no mundo da energia abismal, matriz do simbólico. Associado à estrutura das mandalas, o poço em seu redondo espelho d'água levaria à produção de uma matéria mais real e adequada ao propósito especulativo do pensamento e mesmo da vida de Nietzsche. Acrescentemos que o vôo onírico, que procura águas imaginárias descendo e penetrando as entranhas da terra, obrigaria Nietzsche a dirigir seu pensamento e sua inteligência para o poder primitivo de uma imaginação dinâmica e circular, e evidentemente às raízes de nossa cosmicidade genética.

Clarice Lispector, ávida de desejos aquosos, devaneia em "água viva"

A poesia de Clarice Lispector atiça a imaginação na direção das raízes profundas dos nossos sonhos. Clarice grita e queixa fornecendo a imagem de uma melancolia ansiosa e cheia de vontade de viver. E pode-se sentir então o seu sopro de vida nas águas abundantes de seus devaneios em torno de questões ligadas à natureza imaginária de sua ação no mundo. Na imaginação criadora de Clarice ela sonha criar o real: "O real eu atinjo através do sonho. Eu te invento, realidade. E te ouço como remotos sinos surdamente submersos na água badalando trêmulos" (Lispector, 1980, p. 76). Em sua fonte dinâmica de imagens imaginadas Clarice insiste em encontrar-se nas águas límpidas de sua imaginação poética:

> Ouve-me, ouve meu silêncio. O que falo nunca é o que falo e sim outra coisa. Quando digo "águas abundantes" estou falando da força de corpo nas águas do mundo. Capta essa outra coisa de que na verdade falo porque eu mesma não posso. Lê a energia que está no meu silêncio (Lispector, 1980, p. 30).

Das águas reais

Anaxágoras dizia: "penso porque tenho mãos". Certamente que ao mergulharmos as mãos na terra em busca de uma água menos abismal encontramos a água que bebemos e mata a nossa sede orgânica: água dos rios, água das fontes, água que é mais práxis que poesia, águas reais. Das águas reais surge não o fim, mas a certeza de um novo começo pelo contato com o real. Aqui, o poço imaginário com suas águas imaginárias se liga ao mundo das coisas concretas em busca de realizar o desejo presente nas águas arquetípicas. Descobrimos que furar um poço em busca da água real não é o mesmo que falar metaforicamente de poço. E que ao furar o poço nos descobrimos num devaneio material que inclui uma imaginação porosa. Na imaginação porosa mão e verbo se alinham para dar consistência material ao ser e incluí-lo no reino do prazer em fabricar o real. O fazer concreto sincroniza todos os fazeres do mundo e o prazer se instaura através das nossas próprias mãos.

Assim o Espírito das águas se encarna na matéria, conferindo um domínio mágico e luminoso ao desejo. A fantasia cósmica insere a imaginação na aventura do sonhar acordado. O abandono progressivo das raízes obscuras do instinto empenha-se em revelar numa multidão de complexos a natureza da coisa interior. Alinha-se então o ser numa busca pela consistência material, diante da qual se funda uma consciência imagética condutora de realidade. Ao penetrar no domínio próprio daquilo que arquetipicamente o ser desejava, acabamos produzindo a junção do virtual com o imaginário. E nessa massa de virtual e imaginário o devaneio aparece como o fenômeno mais próximo da natureza e do objeto da percepção imagética. Isso porque os procedimentos arquetípicos, virtuais, ao se ligarem à ação concreta das mãos, encarnam a percepção na imaginação material, materializando o devaneio pelo elemento sensorial. Nesse nível de profundidade psíquica, a representação lança o ser para fora, no espaço das coisas exteriores, e a ordenação das coisas interiores pelas coisas exteriores sedimentará o psiquismo liberando a imaginação porosa.

Conclusão

Como conclusão poderíamos colocar-nos essas questões: sonhamos primeiro para depois "fazermos realidade" ou "fazemos realidade" para depois sonharmos? Como poderíamos mergulhar nas águas de uma imaginação impregnada de palavras e não-palavras, cheia de ecos de uma materialidade ainda difusa e sem abandonarmos a realidade que nos cerca? Como pegarmos com as mãos nossos sonhos e devaneios, dando-lhes forma e materialidade? Como ultrapassarmos o plano de uma estética visual fixando-se no plano de uma estética sensório-afetivo-motora?

Vimos que as águas em estado arcaico e intemporal, quando em relação com as águas no exterior, acabam tornando-se reveladoras do ser. O espírito das águas, numa mobilidade paralela à da experiência subjetiva, busca com avidez a terra fértil para realizar nossos sonhos de concretude. E a imaginação cheia de vento e liberdade busca nas profundezas da terra as águas borbulhantes e verdadeiras. Psicologicamente, no interior da psique o espírito das águas convida o indivíduo a estabelecer um diálogo franco entre o eu e o inconsciente. A atividade ética e estética começa propriamente quando retornamos a essa dialética, retendo o positivo em nós mesmos e nos mobilizamos na direção do sofrimento do outro. O eu necessita dessa dialética para poder substancializar-se e fabricar realidade. Precisamos cavar a terra com o fogo de nossas emoções para encontrar a água da vida e saciar a sede de realidade que habita nosso ser.

Sonhamos e "fazemos realidade" obedecendo a um processo sofisticado de criação. Nesse processo, a nossa imaginação cria a si mesma numa relação dialógica com os quatro elementos da natureza: a terra, a água, o ar e o fogo. Existe aí uma rede intersubjetiva que faz o eu transcender esses elementos naturais, exigindo uma mobilização e um esforço que nos leva a vivenciar o outro sem desligar-nos de nossa auto-sensação interior. Também temos que procurar não confundir esses quatro elementos articulados em nossa lógica de sonhador com o outro lado do sonho que encarna o material de minha contemplação. Isso porque o fim da atividade estética é o de ultrapassar o material de contemplação subjetivo imagético-visual para assentar-se numa estética sensório-afetivo-motora. Aqui, as mãos e o verbo se unem para, através dos elementos do mundo material, traduzir o reflexo do desejo imaginado, transformando-o em elemento expressivo e externamente concreto.

Em realidade, para consolidar a ilusão vivida no reino das imagens oníricas, o sonhador necessita ultrapassar a estética visual e imagética do devaneio e dirigir-se para o elemento concreto na natureza, inserindo-se na estética do manuseio. A estética do manuseio leva a imaginação ao devaneio petrificante, que nasce do contato da palavra com a realidade das coisas. Desse modo, sonhar com um poço exige do sonhador uma ativa posição responsiva que o estimula para a ação de encontrar a água da vida. Sim, sonhar o poço não é suficiente para uma imaginação carente de materialidade. O poço não sobrevive no imaginário sem que o associemos ao que dá sentido à sua existência: a água. O poço arquetípico não é o poço imaginário e muito menos o poço real; mas em todos eles o elemento água está presente. Contudo, é preciso saber distinguir entre a água de um poço arquetípico, da água de um poço imaginário e da água de um poço concreto. É preciso distinguir o poço presente em minha imagem interna do poço, que integra um terreno real e concreto, enquanto objeto único presente ao lado de outros objetos no mundo externo. Portanto, toda a dificuldade na construção da realidade resulta do movimento do ser em ultrapassar o registro imaginário na direção do mundo das coisas concretas.

Muitas vezes limitamo-nos a descrever o real. Mas quando a representação é lançada para fora do espaço interno do sujeito, ela gruda na matéria e seguindo sob o impacto dos objetos no mundo externo, o modelo imaginário acaba cedendo à imaginação material. É necessário algum novo esforço. Assim, numa sede ancestral de ser nós mesmos, somos levados imageticamente a algo imaginário que nos faz reconhecer a água natural que existe fora na natureza. Essa sede de ser se confunde com a sede natural de nosso organismo e ambas se juntam pouco a pouco, situando-nos num plano intermediário entre o sonho e a realidade: o plano do devaneio. Dentro da caverna clara e obscura do devaneio levemente vivenciamos a sensação que podemos auto-objetivar o nosso desejo.

Uma reação arquetípica e visceral produz uma água imaginária que se junta à necessidade orgânica de uma água real. Aqui o poço nasce como o recipiente ideal para fixar o desejo na aventura da estética sensorial. E eis que o caráter arquetípico do desejo, agora envolto no erotismo oral de uma sede também orgânica, arquiteta um poço imaginário, necessariamente redondo em sua imagem visualmente expressa. A água desse poço imaginário é uma água que convida o eu a uma vida de metáforas subterrâneas. Atraída materialmente pelas entranhas da terra e deixando atrás de si o caráter físico de um vazio, a água borbulharia em profundidade no fundo do poço, convidando o ser a uma ação subterrânea. O poço apareceria então como um vazio envolto em terra, crescendo numa verticalidade às avessas e em busca de um espelho d'água para nutrir o ser (o eu) com metáforas aquosas. Como um labirinto redondo de tijolos nus ou de barro, o desejo não revelado do eu seria o de espelhar-me em suas águas arquetípicas. Nelas, as cobras e os lagartos decidiriam ausentar-se, procurando outras moradias, devido ao perigo que corriam se caíssem em suas águas redondas e nem sempre cristalinas.

Para um analista, quando o analisando diz "Estou no fundo do poço" estaria se referindo à sua relação com esse mundo abismal que muitas vezes lhe escapa. E o eu avançando por trevas e asperezas de uma terra selvagem, sem corredores ou bifurcações, sonharia com um poço concreto em que pudesse saciar sua sede real. Dessa forma, uma estética visual, clássica em seus fundamentos, unir-se-ia a uma estética racional e sensório-afetivo-motora, produzindo os elementos necessários à fabricação do poço concreto. O objetivo seria o de vivenciar a construção do poço como uma realidade externa. Nessa passagem do poço imaginário para o poço concreto, a imaginação obedecendo a uma imagem arquetípica, indagar-se-ia sobre a consistência e a condição de possibilidade de um poço possível antes sonhado.

Ao convertermos a imaginação verbal e visual em imaginação sensório-afetivo-motora, estaríamos transformando o poço imaginário num desejo concreto. Uma força moveria o instinto para o centro do poço desejado pelo inconsciente, incorporando a sede metafórica à produção de águas reais. Nesse caso, a percepção acompanhada de uma estética sensorial realista materializaria o desejo original. E, sob o signo do espírito das águas e da imaginação criadora, águas arquetípicas e imaginárias se uniriam pela ordem dos fatos psíquicos e, artesanalmente, com as próprias mãos, numa concreção íntima do espaço e do tempo, acabaríamos fortalecendo o eu e construindo o poço real.

Referências bibliográficas

BACHELARD, Gaston. *O ar e os sonhos*. Rio de Janeiro: Martins Fontes, 2001.

_____. *A água e os sonhos*. Rio de Janeiro: Martins Fontes, 2002.

CHEVALIER, Jean & GHEERBRANT, Alain. *Dictionnaire des symboles.* Paris: Éditions Robert Laffont S.A., 1982.
GOUVÊA, Alvaro de Pinheiro. *A tridimensionalidade da relação analítica.* São Paulo: Cultrix, 1999.
JUNG, C. G. *Memórias, sonhos e reflexões.* Rio de Janeiro: Nova Fronteira, 1961.
LISPECTOR, Clarice. *Água Viva.* Rio de Janeiro: Nova Fronteira, 1980.
NIETZSCHE, F. W. *Assim falou Zaratustra.* Rio de Janeiro: Civilização Brasileira, 1977.

A água na natureza, na vida e no coração dos homens

Evaristo Eduardo de Miranda

Um mineral precioso e caprichoso

A água é um mineral[1]. Bastante abundante em nosso planeta, ele é raro no sistema solar e no universo conhecido. É condição essencial para a existência da vida. Ela é também um importante insumo dos mais variados processos produtivos. A água representa sempre mais da metade da composição dos viventes. Ao contrário de outros minerais, como a areia, as pedras, o ferro e o petróleo, a água está tão associada à vida que é comum a expressão "águas vivas". Sem água, não pode haver vida. Como a certeza da morte, os humanos esquecem disso com freqüência.

Um pouco como Deus e nem sempre de forma visível, a água está presente em toda a parte neste úmido planeta: no ar, nas rochas, nos rios, na intimidade das células vivas, nos vegetais, nas calotas polares e no corpo dos seres animados. Até no meio do fogo existe muito vapor de água. Ela é um mineral diferente, cheio de recursos, passes de mágica e astúcias. Apesar de sua essencial necessidade, os humanos nunca souberam exatamente de que se tratava. Aqui também, um pouco como Deus. Demorou para a humanidade descobrir de que era feita a água. Se Deus é feito de amor, a água é composta por dois átomos de hidrogênio e um de oxigênio. Faz menos de 300 anos que se sabe disso, após milhões de anos de absoluta ignorância metafísica.

A descoberta da composição química da água foi o fruto de pesquisas e experiências, como as do francês Antoine Lavoisier[2]. Ele conseguiu produzir água a partir dos dois gases: oxigênio e hidrogênio. Num caminho inverso ou a contracor-

---

[1] As partes iniciais deste artigo resumem alguns capítulos do livro de minha autoria, *A água na natureza, na vida e no coração dos homens* (2004a).
[2] Antoine Laurent de Lavoisier (1743-1794), químico francês, criador da química moderna. Descobriu a natureza e o papel do oxigênio, estabeleceu a composição da água e lançou as bases da bioquímica moderna, demonstrando que a respiração é uma forma de combustão de compostos de carbono. Foi guilhotinado na barbárie da "Revolução Francesa".

rente, seguindo uma estrada mais meridional e menos trágica, o italiano Alessandro Volta[3], através da eletricidade, conseguiu decompor a água nos dois gases. A água é indefinível. É fácil atribuir-lhe muitos qualitativos. Fica-se sempre muito aquém de sua complexa e inatingível personalidade. Um pouco como o divino. Ela pode ser caracterizada, primariamente, por seus três estados: gasoso, sólido e líqüido, entre os quais vive circulando. A água também pode ser descrita por uma série de parâmetros. Coisa para laboratórios, papilas e olfatos sensíveis. Esses parâmetros qualificam a água, seus usos e aplicações: dissolução, capacidade térmica, tensão superficial, capilaridade, pH, capacidade tampão, dureza, salinidade, turgidez, cor, odor e sabor. Uma análise padrão de qualidade da água em laboratório considera 33 indicadores físicos, químicos e microbiológicos. Desses, nove compõem o Índice da Qualidade das Águas (IQA): oxigênio dissolvido (OD), demanda bioquímica de oxigênio (DQO), coliformes fecais, temperatura da água, pH da água, nitrogênio total, fósforo total, sólidos totais e turgidez.

A água, fonte de morte

Beber água e tomar banho nem sempre é uma boa idéia. Depende de onde e de como. A água pode ser boa e péssima para a saúde. Quem proclama a água como fonte de vida, deveria mencionar que é também uma fonte de morte (CNBB, 2003). De muitas mortes. As águas de fontes murmurantes, límpidos regatos, orvalhos reluzentes, chuvas abençoadas e criadeiras, são as mesmas das tempestades, trombas d'água, inundações, nevascas, maremotos e *tsunamis*[4], aquelas vagas imensas produ-

---

[3] O conde Alessandro Volta (1745-1827), físico italiano, realizou numerosas descobertas a partir da eletricidade, entre as quais a pilha elétrica (1800), que leva seu nome, assim como a medida de tensão elétrica, a voltagem. Não morreu na cadeira elétrica, pois esta só foi inventada muito mais tarde pelo norte-americano Thomas Edson, o mesmo das lâmpadas e de outras invenções, mais ou menos mortíferas e lucrativas.

[4] A etimologia dessa palavra japonesa é um pouco paradoxal. Vem de *tsu*, "porto, ancoradouro" + *nami*, "onda, mar". A onda ancorou-se no porto ou seria o porto quem se ancorou numa onda?

zidas por terremotos submarinos ou erupções vulcânicas. Além das matanças das cheias, dos afogamentos e naufrágios, um grande número de doenças chega aos humanos por ingestão de água contaminada: cólera, disenteria amebiana, disenteria bacilar, febre tifóide e paratifóide, gastroenterite, giardise, hepatite infecciosa, leptospirose, paralisia infantil, salmonelose... Outras doenças chegam pelo simples contato com água contaminada: escabiose (doença parasitária cutânea conhecida como sarna), tracoma (mais freqüente nas zonas rurais), verminoses. Outras doenças têm na água um estágio do ciclo de vida de seus vetores, como esquistossomose, dengue, febre amarela, filariose e malária. O cólera, a febre tifóide e paratifóide são as doenças mais freqüentemente ocasionadas por águas contaminadas e penetram no organismo via cutâneo, mucosa ou oral.

A água no corpo humano

O corpo humano é composto de água, entre 70 e 75%. Na média, a proporção de água no corpo humano é idêntica à do planeta Terra. Estranha coincidência. Melhor não tirar nenhuma inferência ou conclusão. O percentual de água no organismo humano diminui com a idade: entre zero e dois anos de idade é de 75 a 80%; entre dois e cinco anos cai para 70 a 75%; entre cinco e dez anos fica entre 65 a 70%; entre dez e 15 anos diminui para 63 a 65% e entre 15 e 20 anos atinge 60 a 63%. Aí vem um período de maior estabilidade, como na vida psíquica, mas sem muitas garantias: entre 20 e 40 anos esse teor de água no corpo humano fica entre 58 a 60%. Entre os 40 e os 60 anos, essa percentagem cai para 50 a 58%. A seiva parece diminuir ou ficar mais concentrada. Acima de 60 anos, o humano segue sua desidratação. É como se nos idosos metade da existência fosse água e o resto, sólidas resíduas[5] e recordações. No próprio corpo humano os teores de água variam. Os órgãos com mais água são os pulmões (mesmo que cheios de ar) e o fígado (86%). Paradoxalmente, eles têm mais água do que o próprio sangue

---

[5] O que resta e remanesce. Do latim *residuum*, "resto, restante".

(81%). O cérebro, os músculos e o coração são constituídos por 75% de água.
Como toda essa água entra no corpo humano? Menos da metade da água necessária ao corpo humano (47%) chega por meio de copos de sucos, cerveja, água mineral, água fresca da moringa, etc. Uma parte significativa de água o corpo absorve através da respiração celular (14%). O resto da água necessária à vida chega através dos alimentos (39%). Vegetais existem para serem bebidos e não comidos. Eles contêm uma porcentagem enorme de água: alface (95%), tomate (94%), melancia (92%), couve-flor (92%), melão (90%), abacaxi (87%), goiaba (86%) e banana (74%).

Toda água que entra no corpo, dele sai. Caso contrário seria um enorme ganho de peso, cotidiano. Um quilo por litro. Como a água sai do corpo humano? Cerca de 20% sai pela transpiração e mais 15% pela respiração. Essas porcentagens podem variar segundo o grau de atividade de cada indivíduo. Pelas urina e fezes é excretado o essencial da água absorvida (65%). A água circula pelo corpo humano como nos ecossistemas. Muitos se preocupam em não poluir os rios. A poluição também chega às suas veias e artérias em conseqüência de uma alimentação inadequada, da absorção de drogas, da respiração de uma atmosfera contaminada, etc. A água, um pouco como o papel, aceita quase tudo.

O corpo tenta metabolizar toda essa poluição, a dos lixos ingeridos inconscientemente. Os rins filtram tudo o que podem. A bexiga acumula e excreta o possível. Pode haver acúmulos de sujeira, placas de gordura nos encanamentos das veias, vasos entupidos, um saneamento interno inadequado, pedras e cálculos renais, etc. Beber água sem nada, nem gás, é permitir um maior poder de solução e de dissolução. Para água corporal é difícil dissolver tanta coisa absorvida pela boca, sobretudo quando os próprios líqüidos ingeridos já vêm carregados de sais, açúcares, ácidos e acidulantes, corantes e edulcorantes, extratos e antioxidantes, benzoato de sódio, sorbato de potássio e tantas outras substâncias necessárias a um "refrigerante".

A água constrói e destrói civilizações

A distribuição e a disponibilidade de água potável[6] determina numerosos aspectos da vida econômica, social, cultural e histórica das populações do planeta. As primeiras civilizações surgiram ao longo de rios e de seus deltas interiores e marítimos. Foi assim no Nilo, no Ganges, no Tigre e Eufrates, no Mecong, etc. Não foi fácil lidar com a água. Beneficiadas por rios, essas civilizações também sofreram com eles: enchentes, secas, salinização das áreas irrigadas, proliferação de mosquitos e doenças pela via hídrica.

A água sabe disso há séculos e vive sorrindo dos planos e teorias de economistas, políticos e sociólogos. Basta uma seca, uma chuva torrencial ou uma inundação para produzir resultados mais espetaculares do que guerras, investimentos ou novas tecnologias. Sociedades inteiras desapareceram nas Américas, e em outras partes do mundo, por desequilíbrios ambientais, como os povos da ilha de Páscoa e os Maias, por exemplo. Um período de secas, de origem climática, acabou com a civilização maia, num banho de sangue de sacrifícios humanos. Muitas culturas não foram capazes de fazer face às pequenas flutuações climáticas, ligadas ao fenômeno *El Niño*, como na história da civilização moche no Peru (Fagan, 2002), ou a um ataque generalizado de pragas ou novas enfermidades potencializadas por secas ou inundações.

Alguns anos de seca e uma pitada de imprevidência humana e eis o Brasil mergulhado num "apagão", devido à sua imensa dependência da energia hidroelétrica. Qual seria o resultado de cinco anos ininterruptos de seca sobre o abastecimento de água da cidade de São Paulo ou sobre a geração e o fornecimento de energia no Brasil?

---

[6] Do latim *potabilis*, "que pode ser bebido". Do grego *potamós*, "torrente, água que se precipita; rio". Cognato do verbo *pétomai*, "precipitar-se para a frente, atirar-se".

As chuvas no Brasil

A disponibilidade da água depende das chuvas, da conformação e da extensão das bacias hidrográficas. As chuvas são um dos principais definidores do clima e sua distribuição espacial e temporal determina os padrões de repartição espacial dos diversos tipos de vegetação existentes no Brasil. A precipitação média no Brasil é da ordem de 1.800 mm. Esta se trata de uma medida vetorial. Cada milímetro de chuva corresponde a um litro de água por metro quadrado. Por exemplo, uma chuva de 30 mm, significa que caíram 30 litros de água por m2. Regionalmente, as médias variam de 600 mm no Nordeste a 2.700 mm no litoral norte da Amazônia. Os lugares onde mais chove no Brasil não estão na Amazônia e sim na Serra do Mar, entre São Paulo e Paraná. Na Amazônia, chove entre 2.500 a 3.000 milímetros por ano. Na região de Ubatuba, litoral norte de São Paulo, chove cerca de 4.000 milímetros por ano. Nas proximidades do pico do Marumbi — com 1.539 m de altura, localizado dentro do Parque Estadual do Pico do Marumbi, no Paraná — está o recorde nacional de precipitações: mais de 5.000 milímetros. É chuva suficiente para encher uma piscina com mais de cinco metros de profundidade. As regiões brasileiras onde menos chove estão situadas no interior do Nordeste e em algumas áreas em pleno oceano Atlântico, próximas ao litoral norte do Nordeste. Em Picuí, na Paraíba, chove menos de 300 milímetros anuais. A variabilidade interanual das chuvas no semi-árido brasileiro é muito grande. É comum chover metade da média pluviométrica. A demanda evaporativa é superior a 3.000 milímetros, o suficiente para consumir toda a chuva anual.

Num *ranking* da UNESCO envolvendo 180 países sobre a quantidade anual de água disponível *per capita*, o Brasil aparece na 25ª posição — com 48.314m^3. Para a Agência Nacional das Águas esse número é da ordem de 30.000m3/hab./ano, mas este valor depende de vários critérios. Nesses termos, o país mais pobre em água é o Kuwait (10m^3 anuais por habitante), seguido pela Faixa de Gaza (52m^3) e os Emirados Árabes Unidos (58m^3). Na outra ponta, excetuando-se a Groenlândia e o Alasca, a Guiana Francesa é o país com maior oferta (812.121m³), seguida por Islândia (609.319m³), Guiana (316.698m³) e Suriname (292.566m³).

No Brasil, as situações mais críticas estão em algumas bacias litorâneas do Nordeste e no Alto Tietê, onde se situa a cidade de São Paulo, com disponibilidades inferiores a 700m3/hab./ano. Na região Norte, esses valores situam-se entre 150.000m3/hab./ano a 1,8 milhãom3/hab./ano.

O Brasil ainda tem grandes reservas de água doce nas bacias do Amazonas, do rio da Prata (Paraguai-Paraná) e do São Francisco. Nos últimos 30 anos, a pressão sobre os recursos hídricos aumentou, provocando situações de escassez de água, além da região do semi-árido nordestino. Os conflitos cresceram entre usuários e houve uma piora, devido à poluição, das condições de qualidade dos corpos hídricos que atravessam cidades e regiões com intensas atividades industriais, agropecuárias e de mineração.

Irrigação exige solos e não água

Com 800.000km2, o trópico semi-árido brasileiro chega perto do Equador, no litoral do Piauí e Ceará, um caso raro no planeta. Ali, a demanda evaporativa, devido ao calor e aos ventos, é muito forte e acentua a aridez local. Os grandes desertos estão situados a cerca de 30 graus de latitude ou em fachadas litorâneas banhadas por correntes frias, como na maioria das fachadas ocidentais dos continentes do hemisfério sul, por exemplo. Para irrigar e manter uma laranjeira em produção no sertão é necessário colocar cinco vezes mais água do que na Califórnia ou em Israel, onde outonos e invernos são frios, chegando até a nevar. O risco de salinização aumenta. A demanda climática e as características dos solos nordestinos, pouco profundos, encarecem e dificultam a expansão da irrigação. Há quatro mil anos, a salinização foi a razão da decadência da agricultura irrigada mesopotâmica, a dos jardins suspensos da Babilônia.

A maioria dos solos do semi-árido não se presta para a irrigação ou exigem muitos cuidados. Não há como perfurar muitos poços. Em menos de dois metros toca-se na rocha, nas regiões de substrato cristalino. Não existe água subterrânea, salvo em alguns eixos hidrográficos e em áreas de falhas, de ruptura profunda nas rochas. Em geral, a água encontrada nessas situações é de má qualidade, salobra e imprópria ao consumo humano e à irrigação, podendo ser utilizada de forma limitada na irrigação de algumas culturas resistentes ao sal, principalmente capins, mas exige uma série de cuidados e manejo específico. No Nordeste há cerca de 30 mil poços já perfurados, em áreas sedimentares, que nunca receberam sequer equipamentos de extração da água para abastecimento público. No Piauí existem 3.200 poços nessas condições (Rebouças, 2003). Em outros locais são poços jorrantes sem aproveitamento. Um desperdício! Cerca de 500 mil pessoas sofrem com a seca no sertão do Piauí, enquanto 15 milhões de litros de água são desperdiçados por hora no mesmo estado no vale do rio Gurguéia, no Piauí. A água é jogada fora a céu aberto, como gêiseres artificiais, por cerca de 500 poços abertos ao longo do vale.

A disponibilidade efetiva de água superficial, para plantas, animais e humanos, depende sempre de três fatores: chuvas, demanda evaporativa e capacidade de armazenamento de água nos solos, em rios ou reservatórios. Em Paris chove tanto quanto em Petrolina, no sertão de Pernambuco. Na Suécia e no Alasca chove menos do que nos sertões. A existência de águas e florestas nessas regiões explica-se pela baixa demanda evaporativa do clima temperado, comparado ao tropical. E a profundidade dos solos pode sempre agravar ou atenuar o problema da disponibilidade de água.

As águas subterrâneas

A água, como os mistérios, gosta de esconder-se da luz e no subsolo. O Brasil, dono de grandes reservas hídricas superficiais, é também um rico proprietário de águas subterrâneas. O país está dividido em 10 províncias hidrogeológicas, compostas de sistemas aqüíferos de grande importância socioeconômica. No Nordeste, os sistemas aqüíferos Dunas e Barreiras são utilizados para abastecimento humano nos estados do Ceará, Piauí e Rio Grande do Norte. O aqüífero Açu é intensamente explorado para atender os abastecimentos público e industrial e os projetos de irrigação na região de Mossoró.

O principal dos aqüíferos brasileiros tem nome de índio, seguindo a tradição vernacular dos missionários jesuítas: aqüífero Guarani, na província hidrogeológica do Paraná. Localizado na região centro-leste da América do Sul, entre 12° e 35° de latitude sul e entre 47° e 65° de longitude oeste, ocupa o Paraguai (58.500km²), o Uruguai (58.500km²) e a Argentina (255.000km²). Sua maior ocorrência se dá em território brasileiro (2/3 da área total), abrangendo os Estados de Goiás, Mato Grosso do Sul, Minas Gerais, São Paulo, Paraná, Santa Catarina e Rio Grande do Sul. Com seus 45 mil km3 de água doce — suficientes para abastecer o mundo todo, por dez anos — o aqüífero Guarani estende-se por 1,2 milhão de km2, sendo 840.000km2 em território brasileiro. Este vem sendo objeto de estudos e elevados investimentos por parte dos quatro países integrantes, com apoio da Organização dos Estados Americanos (OEA) e do Banco Mundial.

É a única província hidrogeológica do globo a apresentar água potável a 2.000 metros de profundidade. E está sendo usada, principalmente em São Paulo. Ela já é a grande fonte água para o abastecimento e consumo humano de cidades em mais de uma dezena de bacias hidrográficas de São Paulo.

A demanda e o uso múltiplo das águas

Na aparente abundância hídrica do Brasil, a agricultura, através da irrigação, representa 56% da demanda total. Seguem-se as demandas para uso doméstico (27%), industrial (12%) e para dessedentação animal (5%). A demanda total brasileira para o ano 2000 foi estimada em 2.178m3/s. A região de maior demanda é a da bacia do rio Paraná (590m3/s) (ANA, 2002). A região hidrográfica do Paraná, com apenas 10% do território nacional, representa 27% da demanda hídrica do país. As regiões hidrográficas do Paraná, das bacias costeiras e do São Francisco constituem cerca de 80% da demanda hídrica nacional, em 36% do território e com somente 18% da disponibilidade hídrica superficial. Os meses de inverno podem representar momentos difíceis na gestão da água nessas bacias, especialmente no Alto Tietê.

Água é para usar. Sem abusar. Seu consumo realiza-se diretamente através da sua captação dos cursos de água e lagos ou pelo recebimento da água através dos serviços públicos ou privados de abastecimento. A existência do ser humano, por si só, garante-lhe o direito a consumir água ou ar. Negar água ao ser humano é negar-lhe o direito à vida, ou em outras palavras, é condená-lo à morte. O direito à vida antecede os outros direitos. A lei brasileira reconhece, sem nenhuma dúvida, o direito à água. A Constituição da República Federativa do Brasil reafirma a garantia à inviolabilidade do "direito à vida" (Art. 5º). As Constituições anteriores de 1967 (Art. 150) e de 1946 (Art. 141) já asseguravam esse direito.

Não se sabe exatamente quais são os estoques hídricos médios das nações. As flutuações meteorológicas e climáticas, a deficiência de equipamentos de medida de chuva e de vazão dos rios, a insipiência das redes sinópticas de coleta de dados hidrometeorológicos, etc., dificultam uma avaliação mais circunstanciada. Para alguns, o Brasil possui 12 ou 16 ou até 20% da água doce do planeta, sem nunca darem o valor total dessa água em km3. Porque tamanha variação? Faltam dados precisos. Como ordem de grandeza, o Brasil possui cerca de 10 a 12% da água doce superficial do planeta. Não mais. A vazão média anual dos rios em território brasileiro é da ordem de 160.000m3/s. Caso se considere a contribuição da parte da bacia amazônica situada fora do território brasileiro, estimada em 85.700m3/s, a disponibilidade hídrica atinge valores da ordem de 245.700m3/s.

A distribuição espacial dos recursos hídricos brasileiros não coincide com as demandas da população. A região Norte, com apenas sete por cento da população brasileira, reúne 68% da água doce do país na bacia amazônica. O Nordeste, com 29% da população tem apenas três por cento da água doce, pois Paraíba e Pernambuco contam com menos de 1.500m³ de água/habitante/ano, índice considerado pela ONU como o mínimo para a vida em comunidade. No Sudeste, a situação é ainda pior: 43% da população e menos de seis por cento da água doce de superfície, porém, a região possui grandes estoques hídricos subterrâneos de qualidade, no aqüífero Guarani. No interior de cada Estado, a situação também é variável. No Estado de São Paulo, por exemplo, em média, a situação é boa. A disponibilidade de água por habitante/ano é de 2.900m³, isto é, 400 a mais que o índice considerado bom, e quase o dobro do mínimo, que é de 1.500m³ por habitante/ano, porém, ao decompor por região hidrográfica, são encontradas quatro regiões em situação crítica. A do Alto Tietê, com apenas 200m³/habitante/ano, ou seja, 1/7 do mínimo, a região do Turvo Grande, com 900m³ e a do Mogi, com 1.500m³/habitante/ano. As águas se prestam humildemente às mais diversas aplicações e usos por parte da humanidade. A visão antropocêntrica esquece que o maior e primeiro uso das águas é o dos ecossistemas. Na visão utilitarista, a água é uma *commodity*, destinada a ser vendida, comprada, gerida, cuidada, armazenada, utilizada, etc.

Água para os ecossistemas

A água é o elemento de vida de milhões de espécies de vegetais e animais aquáticos e terrestres. Um rio não é um simples canal de água. Ao retirar-se água da rede hidrográfica, ou alterar-se o seu escoamento, cria-se um impacto ambiental negativo sobre as populações faunísticas. A visão da água como um recurso para os humanos é tão antropocêntrica que, para muitos, o resto das formas de vida parece não existir. Ao retirar água de um corpo hídrico, poucos se dão conta das formas de vida prejudicadas e do alcance dessa ação predatória para o ecossistema.

Pior do que a captação de água nos cursos d'água é o impacto da sua devolução: poluída, raramente tratada de forma adequada. Nunca o planeta precisou tanto de água para seus ecossistemas e não somente para os humanos. Os ecossistemas são os grandes "produtores" de água. Além da retirada e da degradação da qualidade da água, toda barragem, canal, retificação e alteração no leito, na margem ou nas vizinhanças dos rios (retificações, desmatamentos, ocupação agrícola, urbana, etc.) provocam impactos negativos sobre os ecossistemas aquáticos, lacustres, palustres e marinhos.

Águas para os ecossistemas e não somente para os agroecossistemas e sistemas industriais urbanos. Os ecossistemas brasileiros pedem por mais água limpa. Águas para os peixes, aves e répteis do Pantanal e para toda a fauna da caatinga. Águas fluviais livres para as populações de peixes e de outros seres aquáticos, hoje compartimentadas por barragens, principalmente nas regiões Sul, Sudeste e na bacia do rio São Francisco. Águas limpas para os rios e seus habitantes. A biodiversidade não pode existir sem matas ciliares, florestas de galeria, várzeas, lagoas marginais, campos abertos de várzeas, meandros, sacos, canais, paranãs, ilhas, praias e barrancos. Face aos humanos, ávidos e sedentos, os ecossistemas também clamam por água. A água não pode ser vista apenas como *commodity*, como insumo industrial, agrícola e urbano. É necessário refletir sobre sua origem e investir na proteção dos mananciais.

Tem havido uma excessiva ênfase na redistribuição dos usos da água entre indústrias, agricultura e para o abastecimento de populações humanas, sem a necessária atenção para a origem da água. Ela depende imensamente da saúde dos ecossistemas. Eles a reciclam e garantem tanto a qualidade, como a quantidade dos estoques de água do planeta. Não se pode simplesmente dividir a água entre os diferentes usos humanos. A natureza depende igualmente dela. A proteção aos ecossistemas é fundamental para a própria manutenção dos recursos hídricos para os humanos. É hora de mudar a percepção social da água. Quem não tem essa visão mais ampla e generosa, dificilmente encontrará soluções adequadas para a questão hídrica.

A percepção social da água

O homem é o único animal capaz de distinguir a água comum da água benta. Esta colocação remete às realidades simbólicas e culturais da percepção social e individual da água. Debates sobre recursos hídricos terminam com generosas e urgentes recomendações sobre como educar a população para o uso responsável da água, como mudar consciências, atitudes, etc. Mas como a água é realmente percebida pela população brasileira? A percepção das águas vem de longe no imaginário popular. Algo das visões indígenas chegou à cultura brasileira nas lendas da *Iara*, da mãe d'água, do boto encantado, etc. Elementos religiosos das culturas africanas estão presentes nos banhos de cheiro, nas oferendas em cachoeiras, procissões marítimas, etc. Contudo, o universo cultural e o imaginário interior do homem e do povo brasileiro sobre a água são herdeiros de profundas tradições mediterrânicas. Essa visão do mundo hídrico perde-se no tempo. Foi iluminada pelo cristianismo e semeada por aventuras gregas, romanas, árabes... e judaicas. Sem compreender a história dessa percepção social das águas, será difícil reverter boa parte dos problemas atuais.

O imenso capital hídrico do Brasil não foi obra do acaso. O gênio do descobridor português propiciou uma miscigenação genética, simbólica e cultural sem precedentes na história da humanidade. A Igreja e, em particular, os jesuítas, tiveram papel destacado nessa construção histórica (Miranda, 2004b). O relacionamento dos brasileiros com as águas é fruto dessa aventura.

No século XVI, uma outra economia estava sendo construída sobre uma nova rede de comércio e informação. Um imenso universo simbólico sobre as águas, de origem judaica e cristã, com fortes cores ibéricas e latinas, foi trazido pelos povoadores do Brasil. Dos séculos XVII ao XIX, antes das atuais preocupações ambientalistas, a Coroa portuguesa, o Império do Brasil e uma série de brasileiros ilustres já trabalhavam na defesa das águas. A bacia amazônica não pertencia ao Brasil. Sua incorporação ao país foi obra do esforço estratégico da Coroa portuguesa e seus súditos (Miranda, 2003). Desde o século XVII os brasileiros mobilizavam-se na defesa da água em manifestações de rua! D. João VI proibiu o desmatamento ao longo dos aquedutos e margens dos rios no litoral. No abastecimento do Rio de Janeiro, o Império do Brasil tomou uma série de medidas jurídicas e administrativas, dentre as quais o plantio da Floresta da Tijuca. Conhecer essa história é encontrar no passado as chaves e os exemplos de soluções para muitos problemas atuais.

Se tocamos a água com os lábios e as mãos, é com o coração que a entendemos. As águas pedem atenção espiritual, compreensão cultural e participação social, muito além de números e tecnologias.

Referências bibliográficas

AGÊNCIA NACIONAL DE ÁGUAS (ANA). *Plano Nacional de Recursos Hídricos.* Brasília: ANA, 2002.
CONFERÊNCIA NACIONAL DOS BISPOS DO BRASIL (CNBB). *Água, fonte de vida.* Campanha da Fraternidade 2004. São Paulo: Salesiana, 2003.
FAGAN, Brian. *The Story of El Niño and the Moche.* Arizona: MCC, 2002.
MIRANDA, Evaristo E. de. *Natureza, conservação e cultura.* São Paulo: Metalivros, 2003.
_____. *A água na natureza, na vida e no coração dos homens.* São Paulo: Editora Santuário/Idéias & Letras, 2004a.
_____. *A descoberta de biodiversidade. A ecologia de índios, jesuítas e leigos no século XVI.* São Paulo: Editora Loyola. 2004b.
REBOUÇAS, Aldo C. A sede zero. In: *Revista Ciência e Cultura.* São Paulo: SBPC, 2003.

Outras Perspectivas

Água: uma visão sistêmica

André Trigueiro

As águas vão rolar...[1]

A maior nação católica do mundo está sendo convocada a somar forças na luta contra o desperdício e pelo uso racional de um recurso fundamental à manutenção da vida, e que vem se tornando cada vez mais raro, escasso e caro. A água doce, embora abundante no Brasil — temos aproximadamente 13% de toda a água doce disponível no planeta — é mal distribuída em nosso país. A Bacia Amazônica, que concentra 70% de toda a água doce do Brasil, abriga apenas quatro por cento da população. Nas demais regiões do país, a degradação dos mananciais, numa escala sem precedentes, ameaça o abastecimento de água potável e leva as autoridades a recorrer a medidas extremas, como é o caso do racionamento, já rotineiro na região metropolitana do Recife, e ocasional em alguns bairros de São Paulo.

Não é possível discutir a situação dos 12 mil rios e córregos do Brasil sem considerar o problema da falta de saneamento. De acordo com o IBGE, 60% do lixo produzido no país não recebem tratamento adequado. São milhares de toneladas de sujeira abandonadas em aterros clandestinos, situados muitas vezes nas margens de rios e lagoas. A parte líqüida do lixo — o chorume — infiltra-se no solo, contaminando as águas subterrâneas e poluindo os mananciais.

Ainda de acordo com o IBGE, menos de 20% dos esgotos produzidos no país recebem algum tipo de tratamento. O resto é lançado *in natura* nas águas, disseminando doenças e mortes. A maior parte das internações hospitalares registradas pelo Sistema Único de Saúde (SUS) tem origem em doenças de veiculação hídrica, ou seja, nos males transmitidos pela água suja. Estima-se que 50 pessoas morrem por dia no Brasil por causa dessas doenças, a maioria crianças de zero a seis anos, acometidas de diarréias.

---

[1] Publicado na edição de janeiro de 2004 da Revista *Família Cristã*.

Outro dado estarrecedor, e que ilustra a urgência com que devemos cobrar investimentos para o setor de saneamento, foi apurado pelo coordenador do Laboratório de Hidrologia da Coppe — Instituto Alberto Luiz Coimbra de Pós-graduação e Pesquisa de Engenharia da UFRJ — Paulo Canedo. Segundo ele, dos 5.600 municípios brasileiros, apenas 13 cuidam exemplarmente de seus esgotos. Um vexame. Para piorar a situação, quanto maior a poluição dos rios, maiores as despesas das companhias de abastecimento de água, que invariavelmente repassam esses custos adicionais aos consumidores. A água bruta captada nos mananciais passa por um processo de tratamento que requer a adição de produtos químicos, como sulfato de alumínio, cal, cloro, algicida, flúor, etc.

Somente no Rio de Janeiro, a Cedae gasta por ano 50 milhões de reais na compra desses produtos para despoluir as águas do rio Guandu e garantir o abastecimento de 8,5 milhões de pessoas. Esses gastos vêm aumentando ano a ano e não há perspectiva de quando seja possível usar menos produtos químicos no processo de limpeza — o que sinalizaria a melhoria da qualidade da água bruta do rio.

Na região metropolitana de São Paulo, onde a Sabesp fornece água para 18 milhões de pessoas, a situação não é diferente. Tanto em São Paulo como no Rio, teme-se pelo esgotamento dos mananciais, já que, dependendo do nível de poluição, não há produto químico que dê jeito.

Nesse contexto, torna-se ainda mais urgente a multiplicação de campanhas contra o desperdício de água dentro de casa, nas indústrias, nas lavouras, e principalmente nas companhias de abastecimento, onde a perda do precioso líqüido alcança índices escandalosos. No Rio de Janeiro, por exemplo, a Cedae ostenta um dos piores índices de perda do Brasil. Segundo dados do Sistema Nacional de Informações sobre Saneamento (SNIS), nada menos que 54% da água que sai da estação de tratamento se perdem no meio do caminho por causa de ligações clandestinas, vazamentos e problemas de medição, índice muita acima da média registrada em países do primeiro mundo, que é de oito por cento. Essa perda de água tratada custa caro aos já combalidos cofres públicos do Estado, que deixaram de receber 639 milhões de reais em 2002, dinheiro que faz falta para a compra de hidrômetros, extensão da rede de abastecimento, substituição de tubulações velhas, etc.

Assim como a Cedae, outras companhias públicas de abastecimento ostentam indicadores vergonhosos de desperdício. Uma das soluções possíveis seria buscar um modelo de gestão compartilhada, em que o poder público e a iniciativa privada dividissem custos e responsabilidades. Ao governo caberia a definição das regras, que deveriam garantir a universalização dos serviços de água e esgoto, sem prejuízos para a população mais pobre. Na opinião de alguns especialistas, uma gestão eficiente — instalando hidrômetros para medir o consumo individual de água, substituindo as tubulações velhas, impedindo a multiplicação desenfreada de "gatos", especialmente entre consumidores que poderiam pagar a conta, etc. — serviria para reduzir o imenso desperdício que se vê no Brasil, aumentar a arrecadação e custear os serviços de água e esgoto para os mais pobres.

Como até hoje essas regras não foram definidas com clareza — o atual governo promete fazê-lo em breve, através da nova lei da Parceria Público Privada — a dúvida dá margem a um mar de incertezas. É nesse contexto que a Campanha da Fraternidade chega em boa hora, lembrando que a água é um bem público, que todos nós temos direito a água limpa e de qualidade, e que cada pequeno gesto em defesa do mais básico dos elementos é tarefa inadiável e urgente.

A solução que vem do céu[2]

Num país tropical, em que a incidência de chuvas é maior do que em outras regiões do planeta, a maioria dos brasileiros ainda não se deu conta do tamanho do desperdício acumulado a cada novo temporal. Ao contrário do que acontece no campo, onde a água da chuva é sinônimo de prosperidade e colheita farta, nas cidades — onde vivem 81% da população — os dias de chuva são associados a trânsito lento, risco de enchentes e outros incômodos que emprestam mau humor aos dias nublados.

---

[2] Publicado no jornal *O Globo* em 29/10/2003

Mas a impopularidade da chuva nos ambientes urbanos está com os dias contados. Aos poucos, vai aumentando a percepção de que a água que cai generosamente sobre os telhados deve ser mais bem aproveitada antes de sumir nos ralos.

Em Curitiba, por exemplo, foi sancionada no final de setembro a lei que obriga todos os novos condomínios residenciais a incorporar no projeto de construção a captação, o armazenamento e a utilização da água da chuva para múltiplos usos, em substituição à cada vez mais cara água clorada: lavagem de roupas, veículos, pisos e calçadas, rega de hortas e jardins. No caso específico dos sanitários, que consomem em média 70% de toda a água numa construção, a Lei torna obrigatória a canalização das águas usadas na lavagem de roupas, chuveiros ou banheiras para uma cisterna, onde serão filtradas e posteriormente reutilizadas nas descargas. Só depois essa água é descartada para a rede de esgotos. Torna-se obrigatório o uso de vasos sanitários, torneiras e chuveiros que economizem água.

Outro aspecto importante da nova Lei diz respeito à instalação obrigatória de hidrômetros individuais nas novas edificações, evitando-se assim que o consumidor que desperdiça água se beneficie do rateio da conta pelo condomínio, prejudicando quem já aprendeu a não esbanjar esse recurso finito, escasso e cada vez mais caro.

Um projeto de Lei parecido com o de Curitiba está tramitando na Câmara Municipal de Goiânia. O vereador, que pede a atenção dos colegas para o uso inteligente da água da chuva, aguarda a votação de um outro projeto de sua autoria, em que sugere a aplicação de sanções aos que forem flagrados desperdiçando água no uso de mangueiras para lavagem de ruas, calçadas e carros.

A química da água[3]

O nível de degradação dos mananciais que abastecem o Rio de Janeiro e São Paulo pode ser medido pelo aumento, sem

---

[3] Publicado no jornal *O Globo* em 6/5/2003.

precedentes, do volume de produtos químicos usados nas estações de tratamento de água. Na região metropolitana de São Paulo a produção de água aumentou oito por cento num intervalo de quatro anos. Neste mesmo período, o volume de produtos químicos usados no processo de limpeza da água aumentou 40%. Feitas as contas, chega-se à impressionante marca de 170 mil toneladas de insumos químicos por ano, o equivalente a 17 mil caminhões carregados de sulfato de alumínio, cal, cloro, algicida, flúor e outros produtos que são misturados à água, a fim de torná-la própria para consumo. Embora de ótima qualidade, a água tratada pela Sabesp torna-se cada vez mais indigesta para as contas da companhia. Os recursos destinados para a compra de produtos químicos passaram de 34,2 milhões de reais, em 1998, para 60 milhões de reais em 2002.

Parte do problema tem origem na baixa oferta desses produtos no mercado, onde há suspeita de cartelização. Apenas para citar um exemplo, o preço do sulfato de alumínio, usado no processo de floculação — que agrega a parte mais sólida das impurezas da água — dobrou em menos de um ano. Mas o que mais incomoda os estrategistas da companhia é a degradação de mananciais importantes, como o do sistema Billings-Guarapiranga, responsável por 21% de todo o abastecimento da região metropolitana.

Aproximadamente um milhão e meio de pessoas vivem em áreas de ocupação perigosamente perto das represas que estocam água cada vez mais poluída, o que demanda mais recursos para o tratamento. Com equipamentos de última geração e monitoramento *on line* de toda a água que entra e que sai das estações de tratamento, a situação está sob controle e não há riscos para a população. Mas a situação preocupa no longo prazo.

No final de maio, os técnicos da Companhia definirão o novo Plano Diretor, que servirá de base para as ações futuras nas áreas de captação, tratamento e abastecimento de água para uma população que cresce a uma taxa de 1,4% ao ano. Em números redondos, o desafio é oferecer água potável para mais um milhão de pessoas a cada quatro anos, numa região que tem a menor disponibilidade hídrica *per capita* do Brasil.

Sobre as águas...

Enquanto São Paulo procura alternativas para garantir o abastecimento no futuro, o Rio de Janeiro padece no presente da falta de opções ao rio Guandu — um dos mais poluídos da bacia do rio Paraíba do Sul — que abastece 80% da região metropolitana. Ao contrário de São Paulo, que dispõe de um número maior de opções para a captação de água — metade do abastecimento tem origem no Sistema Cantareira, que não é tão poluído quanto o sistema Billings-Guarapiranga — o Rio de Janeiro se ressente da falta de outros mananciais que possam reforçar o estoque de água doce para consumo em escala. Toda vez que chove forte, a estação de tratamento do rio Guandu entra em estado de alerta. A chuva carreia para o rio toda sorte de detritos e sedimentos que sobrecarregam o trabalho de limpeza. Dependendo da intensidade da chuva, o abastecimento pode ser suspenso por alguns minutos ou durante horas. "A água poluída tem tratamento. Mas não dá para fazer mágica", explicava um ex-diretor da Cedae, sempre que perguntado sobre o assunto.

Nesses dias de chuva, a estação do Guandu triplica a quantidade de sulfato de alumínio usado no tratamento. Das 280 toneladas diárias passa-se para 840 toneladas. Merece atenção o fato de que se o Guandu fosse um rio tecnicamente limpo, a quantidade de sulfato de alumínio necessário para tornar a água bruta própria para o consumo humano seria de apenas 28 toneladas por dia. Em situação de normalidade, ou seja, nos dias em que não chove, a companhia já está usando dez vezes mais do que isso. Em média, a Cedae utiliza 330 toneladas de produtos químicos por dia, somente na estação do rio Guandu. A degradação do rio obriga a companhia a gastar cada vez mais com produtos químicos. Este ano a previsão é de 50 milhões de reais, uma soma superior ao que é gasto pela Sabesp, considerando o custo *per capita*.

Como se vê, cariocas e paulistas tornaram-se "dependentes químicos" quando o assunto é água potável. No Rio de Janeiro há o agravante de que os custos crescentes que castigam o orçamento da Cedae não incidem sobre a tarifa de 40% dos consumidores que, sem hidrômetros instalados nos domicílios, são cobrados por estimativa.

Um prêmio ao desperdício que não é só privilégio do Rio. Em todo o Brasil usa-se, sem necessidade, água clorada para lavagem de carros e calçadas, rega de jardins e descarga de vaso sanitário. Esse modelo predatório, que privilegia o desperdício de um recurso cada vez mais escasso e caro, é agravado pelo descaso histórico das autoridades para com a preservação dos mananciais, a proteção das matas ciliares e das nascentes.

Se não houver uma política que privilegie em caráter de urgência a gestão sustentável dos recursos hídricos, com fiscalização atuante e a aplicação rigorosa da lei, não haverá no futuro produto químico em quantidade suficiente para garantir água potável e de boa qualidade para milhões de brasileiros.

Chuvas, Mata Atlântica e a cidade do Rio de Janeiro

Rogério Ribeiro de Oliveira

Estendendo-se nos entornos de três maciços litorâneos de expressão — Pedra Branca, Tijuca e Mendanha — a cidade do Rio de Janeiro apresenta especificidades ditadas justamente por esta vizinhança. A interação destes dois sistemas de natureza tão oposta — a cidade e a montanha — leva ao estabelecimento de um sistema de trocas entre ambos, que forma uma realidade ímpar. Numerosos aspectos fitofisionômicos, constituídos pela conjunção dos elementos presentes, contribuem para uma constituição estrutural complexa, em que elementos naturais e antrópicos intervêm em graus diversos. Dentre os primeiros destaca-se a existência de gradientes altitudinais (de zero até mais de 1.000m de altitude) e a orientação de encostas. Os maciços litorâneos do município do Rio de Janeiro apresentam uma orientação geral no sentido Leste-Oeste, o que condiciona a existência de dois tipos distintos de comunidades florestais, as vertentes voltadas respectivamente para o Norte e para o Sul.

Além destes condicionantes físicos, a existência de uma metrópole que os circundam confere relevantes particularidades ecológicas, sendo responsáveis pelo delineamento de uma "natureza não-natural" da Mata Atlântica no Rio de Janeiro, em que desmatamentos, incêndios e ocupação de encostas constituem os seus aspectos mais evidentes. A presença de uma megalópole do porte da cidade do Rio de Janeiro nos entornos destes maciços litorâneos impõe severas alterações, verificadas deste o nível geomorfológico (usos irregulares do solo) ao geoquímico (emanações de poluentes que acabam por contaminar os ecossistemas naturais). A presente contribuição tem por objetivo discutir a relação floresta-cidade no que se refere à circulação de água nestes sistemas, abordando tanto a vertente histórica do abastecimento de água como o papel da Mata Atlântica na redistribuição das águas pluviais, na estabilidade de encostas e na sua contaminação por emanações atmosféricas.

Aspectos históricos do abastecimento de água no Rio de Janeiro

Informações históricas indicam que a ocupação humana mais acentuada das serranias do Rio de Janeiro se deu a partir do final do século XVII. O primeiro impacto de transformação da paisagem é creditado à extração de madeiras e abate de árvores para a lenha destinada principalmente às necessidades da indústria canavieira (Scheiner, 1976). Segundo Abreu (1992), o problema do abastecimento de água no Rio de Janeiro teve início no mesmo dia em que foi fundada. Pelo reduzido tamanho de suas bacias hidrográficas, os morros Cara de Cão e Pão de Açúcar não forneciam água para uma população fixa e flutuante que aumentava constantemente. Do outro lado da límpida baía, localizava-se o rio Carioca, que logo tornou-se o ponto de abastecimento das embarcações, ficando conhecido como a "Aguada dos Marinheiros". Com a transferência da cidade para o morro do Castelo, a água era trazida do Carioca por índios e escravos negros. A captação e condução de suas águas próximo à sua nascente foi realizada muito mais tarde. A transferência da corte e a chegada inesperada de 15.000 pessoas deram início a uma grave crise de abastecimento de água, que permeou do período joanino até a República. Além do aumento do consumo, secas periódicas assolaram a cidade, como a de 1843, que obrigou a organização de uma frota para trazer água potável de Niterói para o Rio de Janeiro.

Por volta de 1760, o café passou a substituir o cultivo da cana-de-açúcar, que ocupava as partes mais baixas do município. A lavoura cafeeira foi aos poucos atingindo partes mais altas, muitas delas dentro do perímetro do atual Parque Nacional da Tijuca. Gravuras do século XIX (como Debret e Vidal) mostram muitos aspectos da substituição das matas nativas por cafezais, especialmente no Alto da Boa Vista e Gávea Pequena. A utilização de encostas de declive acentuado para fins agrícolas, assim como o desnudamento do solo acabou por transformar tais áreas em "terras cançadas e mattas estragadas", conforme se verifica na *Planta das nascentes que formão a Cascata Grande* (sic), de 1866 (Ferrez, 1972). Viajantes estrangeiros não cansaram de apontar e registrar o desmatamento. Luccock, em 1813, denuncia que "por todos os lados as matas caíam ao golpe do machado". Para se conter esta destruição de mananciais foram estabelecidos regulamentos pelo Governo Imperial que proibiam o desmate próximo a mananciais e altos de serras. Além destes, foram iniciados trabalhos ligados à preservação dos mananciais do Maciço da Tijuca, como desapropriações e de restauração da floresta. Em 18 de dezembro de 1860, foi nomeado para esta tarefa o Major Manoel Gomes Archer que, com o auxílio de seis escravos[1] iniciou um inovador trabalho de reflorestamento que durou 13 anos, tendo plantado em 1871 cerca de 76.000 árvores (Abreu, 1957). Em 1874, o Barão d'Escragnolle, assumindo o lugar de Archer, dá prosseguimento ao seu trabalho, plantando cerca de 30.000 árvores.

Admitindo-se um espaçamento de cinco metros entre cada muda, e um índice de 10% de replantio em função de perdas, Archer e seus companheiros plantaram uma extensão de terra da ordem de 170ha. Considerando-se que somente o Parque Nacional da Tijuca tem uma extensão da ordem de 3.600ha, isto coloca por terra o mito de que a Floresta da Tijuca é em sua maior parte reflorestada. Embora atualmente o Maciço tenha uma importância residual no que se refere ao abastecimento de água da cidade, a obra de Archer em muito suplantou o propósito inicial de garantir o seu suprimento. Pela primeira vez é feito um criterioso trabalho de recuperação de uma área degradada formando um sistema de alta complexidade estrutural, que perdura sob a forma de uma floresta climáxica até os dias de hoje.

Chuvas e estabilidade de encostas

O desenvolvimento geomorfológico dos maciços litorâneos do Rio de Janeiro apresenta como importante vetor de sua transformação o regime pluviométrico. Além da tropicalidade do clima, um fator a se considerar é a declividade de suas en-

---

[1] Eleutério, Constantino, Manoel, Mateus, Leopoldo e Maria.

costas que, por ocasião de eventos atmosféricos catastróficos, são remodeladas por desabamentos e/ou perdas erosivas. Em encostas florestadas, o ciclo hidrológico se inicia com a água que se precipita da atmosfera e alcança as partes superiores do dossel florestal. As copas arbóreas interceptam a chuva e retêm parte da umidade. A chuva que não fica retida ultrapassa a vegetação e chega ao piso florestal de duas formas: parte escoa em torno dos troncos e galhos das árvores em um processo denominado fluxo de tronco e parte goteja através das copas pelo fluxo de atravessamento. Ao alcançar a superfície da floresta, a água atinge a camada de folhas, galhos, frutos e matéria orgânica que se deposita sobre o solo denominada serapilheira. Esta camada desempenha um importante papel na distribuição da precipitação, retendo parte da umidade e distribuindo aquela que não consegue reter. Uma vez dentro do solo, a água que não foi absorvida pela vegetação ou evapotranspirada escoa sub-superficialmente. Caso o solo já esteja saturado, pode ocorrer o fluxo superficial de saturação, alcançando os canais que a levará para as lagoas ou mares, onde evaporará e subirá à atmosfera, reiniciando o ciclo (Basile, 2004). Neste ciclo sobre sistemas montanhosos, o papel da vegetação é crítico, tanto no que se refere à sua biomassa aérea (folhas, galhos e troncos que interceptam, amortecem e redistribuem a chuva), como na subterrânea — as raízes que estruturam e "ancoram" os solos declivosos.

O principal território da Mata Atlântica no Rio de Janeiro — a Serra do Mar — em função de se tratar de formação florestal metropolitana, vem apresentando crescentes problemas decorrentes das alterações das condições florestais causadas por incêndios, derrubadas de árvores e contaminação, avanços da malha urbana sobre as encostas, o que vem influenciando significativamente os seus processos sucessionais.

No caso dos maciços da Tijuca e Pedra Branca, os principais vetores diretos da destruição da vegetação são principalmente os incêndios florestais, seguidos do desmatamento, da ocupação de encostas e da deposição de poluentes. A degradação florestal é caracterizada por alterações detectadas ao nível de paisagem: em um primeiro momento verifica-se a presença de falhas ou espaços no dossel, para, em seguida, ocorrer uma efetiva redução da cobertura florestal densa, com a morte das árvores de maior porte e o surgimento de uma vegetação semelhante aos estágios sucessionais iniciais como, por exemplo, quaresmeiras (*Tibouchina granulosa*), crindiúva (*Trema micrantha*) e o jacatirão (*Miconia cinnamomifolia*), entremeada por indivíduos isolados da mata original. Em função das drásticas mudanças microclimáticas existentes, estes vão perdendo a capacidade reprodutiva. Direcionando-se da borda para o interior das formações, este processo leva, em um estágio posterior, à formação de extensos capinzais dominados geralmente pelo capim-colonião (*Panicum maximum*).

A relação dos processos de degradação da floresta com os processos erosivos-deposicionais ficou bastante clara por ocasião das chuvas de fevereiro de 1996. No dia 13/2/96, as regiões oeste e norte do Rio de Janeiro foram assoladas por um sistema frontal estacionário que chegou a 127mm de chuva em seis horas, ocasionando desabamentos de encostas com intensidade e número jamais registrados, com um saldo de mais de 50 vítimas fatais. Com o objetivo de se correlacionar o estado sucessional da vegetação com a magnitude dos desabamentos, foi feito um inventário das cicatrizes com área superior a 500m², por meio de sobrevôo de helicóptero e verificações de campo (Oliveira et al., 1996). A vegetação contígua de cada desabamento foi classificada na seguinte tipologia: floresta conservada, floresta secundária inicial ou tardia, floresta em degradação e capinzal. Foi encontrado um total de 104 deslizamentos com mais de 500m² no Maciço da Tijuca, correspondendo a uma área total da ordem de 73ha de cicatrizes expostas. Em termos percentuais de perdas de áreas florestadas, 1,9% correspondeu à floresta secundária inicial, 9,6% à floresta secundária tardia, 42,3% à floresta degradada e 2,8% à floresta conservada, sendo estimada a perda de 190.000 árvores e arbustos. Os desabamentos em locais de capim colonião chegaram a 43,2%. Ou seja, as áreas de capim e de matas degradadas foram responsáveis por 85% da área dos desabamentos.

A Figura 1 ilustra as perdas por hectare destes eventos de acordo com tipologias de revestimento vegetacional que comportam distintos estágios de degradação.

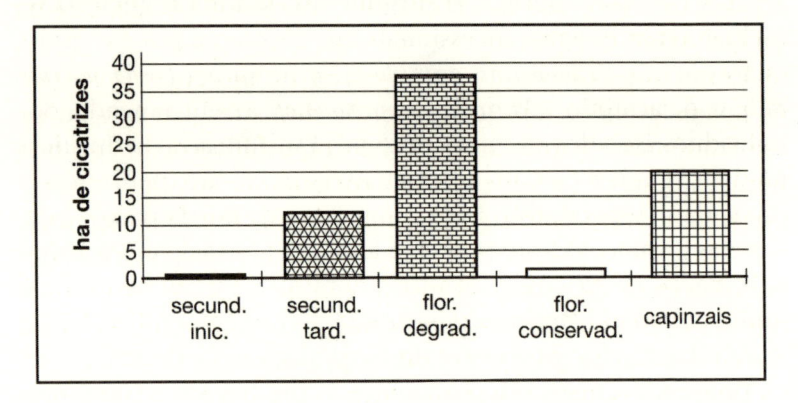

Figura 1 – Áreas de cicatrizes de desabamentos formadas na chuva do dia 13/2/96 no Maciço da Tijuca em diferentes tipologias sucessionais (valores em hectares)

A baixa estabilidade apresentada pelas encostas com matas em processo de degradação ou revestidas por capinzais aponta para o fato de que as causas possam ser atribuídas às alterações hidrológicas que ocorrem paralelamente a este processo. Além da alteração na interceptação e distribuição das águas de chuvas, pode-se destacar que a senescência das árvores de grande porte da floresta remanescente e a conseqüente decomposição de seus sistemas radiculares traz como conseqüência direta a desestabilização do manto coluvial. Por outro lado, é de se supor que as faixas florestadas localizadas entre as inúmeras cicatrizes formadas por ocasião das chuvas de fevereiro de 1996 estejam submetidas à degradação por efeito de borda, sendo esperada, portanto, uma retomada do ciclo erosivo.

Chuvas, florestas e poluição

As florestas estão entre os mais efetivos depósitos de toda as terras emersas, no que diz respeito aos constituintes do ar atmosférico. Com relação aos poluentes atmosféricos, existem evidências que sua entrada e circulação nestes ecossistemas geralmente se dá por caminhos e processos semelhantes aos das entradas atmosféricas dos nutrientes, seja por deposição úmida ou seca (Delliti, 1995). Entre os poluentes que atingem os ecossistemas florestais, os metais pesados têm um papel de destaque, em função de sua tendência à acumulação. O ciclo atmosférico de um grande número destes é fortemente influenciado por atividades antropogênicas, como é o caso do cádmio, zinco, chumbo, mercúrio, cobre e arsênio, os quais são emitidos em grandes quantidades por processos de refino de metais e combustão ou por contaminação por fertilizantes, pesticidas, mineração, fundição ou resíduos urbanos (Mayer & Lindberg, 1985).

Dentre os estudos reportados para o Brasil sobre a influência da poluição sobre ecossistemas florestais, destaca-se a situação crítica da Mata Atlântica em Cubatão, com a deposição acentuada de poluentes da indústria petroquímica, que foi estudada, entre outros, por Domingos *et al.* (2000) e Leitão Filho *et al.* (1993), sendo evidenciado um patamar de grave desequilíbrio ecológico, com a ocorrência de uma redução significativa do número de indivíduos jovens e mortalidade acentuada nos adultos.

O Maciço da Tijuca, no Rio de Janeiro, em função de se tratar de uma formação florestal urbana, também vem apresentando problemas decorrentes da deposição de poluentes. Em termos de aportes de poluentes à floresta que recobre o maciço, destaca-se a acidez da chuva, cujo pH pode chegar a 3,2 (Silva Filho, 1985). A contaminação da serapilheira do Parque Nacional da Tijuca por chumbo, oriundo da queima de combustíveis fósseis, foi detectada por Oliveira & Lacerda (1988). Sobre o Maciço da Pedra Branca, o atual pólo de crescimento da cidade do Rio de Janeiro, poucas informações estão disponíveis sobre a funcionalidade do seu ecossistema.

Na bacia do Rio Camorim, localizada na parte meridional do mesmo, foi monitorado no período de um ano a qualidade físico-química da precipitação incidente sobre a Mata Atlântica (Silva *et al.*, 2003). Neste período, a chuva incidente foi monitorada em duas situações: a primeira foi a precipitação total, obtida por pluviômetros instalados em clareiras; a segunda em pluviômetros instalados no interior da floresta, visando recolher a água de chuva que havia atravessado o dossel da floresta (precipitação interna). A avaliação da interceptação da água de chuva pela vegetação foi feita com a utilização de 30 pluviômetros, instalados aleatoriamente no interior da floresta. A água da chuva foi recolhida dos mesmos em intervalos quinzenais e enviada ao laboratório do Departamento de Química da PUC-Rio para análise[2].

No período estudado, observou-se uma grande amplitude na precipitação quinzenal, (de zero a 370,4mm). O total de chuvas no período foi de 1.447,7mm. Da precipitação total que atinge a copa das árvores, 18,8% é interceptado pelas mesmas, não chegando ao solo.

As análises do pH para a precipitação total mostraram uma variação entre 3,9 e 5,7. Segundo House et al. (1999), valores inferiores a 5,6 são considerados como chuva ácida. Com uma média de 4,8, toda a precipitação sobre a área de estudo é considerada ácida, ficando apenas um evento fora dessa classificação (pH = 5,7). Quando analisadas as precipitações internas, observa-se que ao atravessar as copas das árvores, a chuva tem seu pH alterado, ficando em média com 6,1. Provavelmente a acidez das chuvas na região é resultado da contaminação atmosférica causada pelas atividades urbano-industriais na cidade do Rio de Janeiro. Assim, a precipitação atmosférica no Rio de Janeiro, em função de aportes de numerosos poluentes orgânicos e inorgânicos, está predominantemente ácida. As análises químicas feitas para metais-traço revelaram, para a precipitação total, os aportes listados na Tabela 1.

---

[2] O autor é grato a Andréa Teixeira de Figueiredo Cintra, pela cessão dos dados de sua dissertação de mestrado no Departamento de Química da PUC-Rio, sob a orientação da Professora Carmem Lucia P. Silveira. Este projeto contou com a colaboração dos alunos Elisangela da Silva e Pedro Capella G. Sant´Anna, do Departamento de Geografia.

Tabela 1 – Fluxo de metais-traço na precipitação total e na precipitação interna no divisor de drenagem e no fundo do vale do rio Caçambe, Maciço da Pedra Branca

Precipitação	Fluxo de metais (g/ha/ano)								
	B	Cr	Mn	Fe	Co	Ni	Zn	Cd	Pb
total	54,2	6,3	211,6	101,2	18,4	14,0	798,1	1,6	17,3
interna	77,6	68,9	198,1	177,1	104,9	5,6	119,6	125,5	7,9

Dependendo do metal analisado, pode ocorrer um empobrecimento ou enriquecimento do seu fluxo após atravessar a copa das árvores. Este aporte modifica-se, ocorrendo uma redução nos valores de cobalto, níquel, zinco, cádmio e chumbo. Contudo, no caso do boro, cromo, manganês e ferro, ocorreu um enriquecimento da chuva. Isso pode indicar que um grupo de metais-traço está sofrendo uma absorção direta pelas copas das árvores. Dessa forma, a retirada destes poluentes pela copa das árvores pode ser feita diretamente por absorção foliar ou pelos organismos epifilos (especialmente musgos, algas e liquens), que crescem nas lâminas foliares e são altamente efetivos na remoção de nutrientes da chuva que passa pelas folhas. No outro grupo, ao contrário, pode estar havendo um arraste do material particulado para o solo, ocasionado pelo contato da água da chuva com as copas, que geraria um processo de lavagem de folhas e galhos. Nas duas situações, a presença de metais pesados, ainda que em fluxos reduzidos no sistema florestal, pode levar a uma ciclagem do mesmo pelas cadeias ecológicas e permanência no sistema, alcançando numerosos compartimentos do mesmo. De uma maneira geral, os efeitos dos metais-traço nos ecossistemas florestais são ainda pouco conhecidos.

Chuvas e floresta no Rio de Janeiro: a vertente socioambiental

Paradoxalmente, a existência do que hoje se chama de Floresta da Tijuca se deve, historicamente, à presença da cidade do Rio de Janeiro. Em outros locais por onde passou o plantio do café, extensões muito maiores de terras sofreram o desmatamento completo, como no vale do rio Paraíba, e assim permanecem até hoje, praticamente desprovidas de vegetação. No caso do Maciço da Tijuca, este desde cedo foi enxergado como o principal manancial de água para a cidade. Embora atualmente os maciços costeiros do Rio de Janeiro tenham apenas uma função residual no que se refere ao abastecimento de água, estes desempenham numerosas outras funções ecológicas, no que se refere à vida da própria cidade.

As perturbações críticas responsáveis pela devastação florestal, quer seja nos maciços costeiros do Rio de Janeiro ou em outras áreas montanhosas-florestais inseridas nos trópicos, implicam não apenas perdas ecológicas e econômicas, mas também de serviços ambientais disponíveis nestes ecossistemas. O que acontece numa encosta acaba se refletindo sobre toda a bacia de drenagem, podendo causar, por exemplo, o assoreamento dos rios, diminuindo a qualidade e a quantidade de água. Assim, o projeto de construção de uma estrada em uma encosta, por exemplo, precisa levar em conta estes fatores, caso contrário os custos de manutenção ou recuperação serão altíssimos, quando mais tarde a encosta vier a desabar com o colapso dos sistemas radiculares da floresta. Do ponto de vista de benefícios para a população do Rio de Janeiro, a floresta em pé fornece determinados serviços ambientais de fundamental importância, como se pode ver na Tabela 2 (pg. seguinte), em estudos realizados no Maciço da Tijuca.

A interrupção destes serviços ambientais prestados pelo ecossistema em função do processo de degradação florestal espelha-se sobre a estabilidade de encostas, perda de qualidade de vida, formação de ilhas de calor, ocorrência de enchentes e endemias, redução da qualidade do ar, descida de sedimentos das encostas, destruição de atributos paisagísticos, etc., com reflexos diretos na economia do município. Bacca (2002) elaborou um modelo prognóstico estocástico, apontando que se a taxa de desmatamento do Maciço da Tijuca progredir nas mesmas proporções atuais, sem que seja freada ou impedida, a área urbanizada que em 1972 era de 13,78% de todo o maciço, passará a ser em 2092 de 47,34% do total, enquanto a área recoberta por florestas que era de 51,17% em 1972, passará a ser de 22,72% em 2092. Tais alterações resultariam numa crescente perda de funções desempenhadas pelas florestas e no agravamento dos transtornos e catástrofes urbanas, o que inclui perdas materiais e de vidas humanas.

Tabela 2 - Alguns serviços ambientais do Maciço da Tijuca

Serviço	Eficiência	Autor
Carbono fixado na biomassa de madeira	160ton./ha	Clevelário, 1988
Carbono fixado na matéria orgânica do solo	150ton./ha	Clevelário, 1966
Produção de água pelas fontes produtoras	7.660m^3/ha	Oliveira et al., 1995
Redução de pH da chuva ao passar pelo dossel	até 3 unidades de pH	Silva Filho, 1985
Interceptação de 17% a 24,5% das chuvas pelas copas das árvores	até 5.750m^3/ha/ano	Coelho Netto, 1985
Interceptação de metais pesados (Pb, Cu e Zn) do ar atmosférico pelas copas	Pb = 145 g/ha/ano Cu = 105 g/ha/ano Zn = 630 g/ha/ano	Oliveira & Lacerda, 1993
Interceptação das chuvas pela serapilheira	± 250%/peso seco da serapilheira	Coelho Netto,1985
Infiltração (± 70% das chuvas anuais)	± 1.600mm/ano	Coelho Netto,1985

O processo de ocupação humana na cidade do Rio de Janeiro alterou marcadamente a natureza geoecológica dominante na região, tendo se tornado a mais relevante das variáveis a definir uma nova composição e funcionalidade dos ecossistemas constituintes dos seus maciços costeiros. Refletindo as profundas desigualdades sociais existentes na sociedade brasileira, a cidade do Rio de Janeiro explicita na sua estrutura urbana esta contradição, que separa pobres de ricos. O surgimento de bairros nobres, ligados ao aparato de segurança que ajuda a acentuar a segregação social, tem como contrapartida a formação de favelas que abrigam as populações marginalizadas.

Em condições ditas naturais, pode-se considerar perturbação e volta às condições anteriores como forças em equilíbrio. As alterações antrópicas, no entanto, vêm ultrapassando em muito a condição de resiliência (isto é, a capacidade de se recuperar de distúrbios) da Mata Atlântica em numerosos pontos dos maciços costeiros do Rio de Janeiro. Como conseqüência, espécies mais adaptadas às condições de distúrbios têm aumentado de densidade, ao passo que as espécies dos estágios mais avançados têm diminuído. De maneira lenta, mas não imperceptível, a floresta vem se alterando nos três níveis do ecossistema: na composição das espécies, na estrutura (como estas se organizam) e na funcionalidade do mesmo. Os principais vetores da degradação da vegetação, como visto, são os incêndios florestais, o desmatamento, a ocupação de encostas e a deposição de poluentes.

O grande desafio que se coloca no momento é o de como conciliar a preservação da Mata Atlântica dos maciços costeiros do Rio de Janeiro, tão importante para a segurança da cidade, com as demandas diferenciadas que provêm desta histórica situação de desigualdade social. A água e suas resultantes socioambientais é o elemento que tem melhor evidenciado estas contradições.

Referências bibliográficas

ABREU, M. A. A cidade, a montanha e a floresta. In: *Natureza e Sociedade no Rio de Janeiro*. Rio de Janeiro: Biblioteca Carioca, 1992, pp. 54-103.
ABREU, S. F. *O Distrito Federal e seus recursos naturais*. Rio de Janeiro: IBGE, 1957.
BACCA, J. F. M. *Uma metodologia geoecológica para uma organização sistêmica de dados e processos ambientais empregando banco de dados, redes neurais, sistemas especialistas e sistemas de informações geográficas*. Tese (Doutorado). Rio de Janeiro: UFRJ/IGEO, 2002.
BASILE, R. O. N. C. *Estrutura da floresta atlântica de encosta e arquitetura de raízes arbóreas: Maciço da Tijuca - RJ*. Dissertação (Mestrado). Rio de Janeiro: UFRJ/Departamento de Geografia, 2004.
CLEVELÁRIO Jr., J. *Distribuição de carbono e de elementos minerais em um ecossistema florestal tropical úmido baixo-montano*. Tese (Doutorado). Viçosa: UFV/Departamento de Solos e Nutrição de Plantas, 1996.

COELHO NETTO, A. L. *Surface hidrology and soil erosion in a tropical mountainous rain forest drainage basin, Rio de Janeiro.* Tese (Doutorado). Belgium: Katholieke Universiteit Leuven, 1985.

DELITTI, W. B. C. Estudos de ciclagem de nutrientes: instrumentos para a análise funcional de ecossistemas terrestres. In: ESTEVES, F. A. (ed.) *Oecologia Brasiliensis.* Vol. 1: Estrutura, funcionamento e manejo de ecossistemas brasileiros. Rio de Janeiro: Universidade Federal do Rio de Janeiro/Instituto de Biologia, 1995, pp. 470-485.

DOMINGOS, M.; LOPES; SILVEIRA, M. I. M. & STRUFFALDI DE VUONO, Y. Nutrient cycling disturbance in Atlantic Forest sites affected by air pollution coming from the industrial complex of Cubatão, Southeast Brazil. In: *Revista Brasileira de Botânica,* v.23, n.1, pp. 77-85, 2000.

HOUSE, T. G.; PARK, S. & ROAD, M. Practical Environmental Analysis. In: V. N. BASHKIN & M. RADOJEVIC (Orgs.). *Rainwater Analysis.* Cambridge: The Royal Society of Chemistry. 1999. pp. 43-73.

LEITÃO FILHO, H. (org.) *Ecologia da Mata Atlântica em Cubatão.* Campinas: Editora da Universidade Estadual Paulista, 1993.

MAYER, R. & LINDBERG, S. E. Deposition of heavy metals to forest ecosystems - their distribution and possible contribution to forest decline. In: LEKKAS, T. D. (ed.) *International Conference of Heavy Metals in the Environment.* Athens: Werdarg Ed., 1985, pp. 351-353.

OLIVEIRA, R. R. *et al.* Degradação da floresta e desabamentos ocorridos em fevereiro de 1996 no Maciço da Tijuca (RJ). *Resumos do XLVII Congresso Nacional de Botânica,* 1996, p. 212.

OLIVEIRA, R. R. & LACERDA, L. D. Contaminação por chumbo na serapilheira do Parque Nacional da Tijuca, RJ. In: *Acta Botanica Brasilica.* 1(2):165-169, supl.,1988.

OLIVEIRA, R. R. *O rastro do homem na floresta: sustentabilidade e funcionalidade da Mata Atlântica sob manejo caiçara.* Tese (Doutorado). Rio de Janeiro: UFRJ/Departamento de Geografia, 1999.

OLIVEIRA, R. R.; ZAÚ, A. S.; LIMA, D. F.; SILVA, M. B. R.; VIANNA, M. C.; SODRÉ, D. O. & SAMPAIO, P. D. Significado ecológico de orientação de encostas no Maciço da Tijuca, Rio de Janeiro. In: ESTEVES, F. A. (editor). *Oecologia Brasiliensis.* Vol. I: Estrutura, Funcionamento e Manejo de Ecossistemas Brasileiros, 1995, pp. 523-541.

POOLE, R. W. *An introduction to quantitative ecology.* Toquio: Mac Graw-Hill, 1974.

SCHEINER, T. C. M. Ocupação Humana no Parque Nacional da Tijuca: considerações gerais. In: *Brasil Florestal.* v.7, n.28, pp. 3-27, 1976.

SILVA FILHO, E. V. *Geoquímica da deposição atmosférica no litoral do Rio de Janeiro*. Tese (Doutorado). Niterói: UFF/Departamento de Geoquímica, UFF, 1999.

_____. *Estudos de chuva ácida e entradas atmosféricas de Na, K, Mg, Ca e Cl na Bacia do alto Rio Cachoeira, Parque Nacional da Tijuca, RJ*. Dissertação (Mestrado). Niterói: UFF/Departamento de Geoquímica, 1988.

SILVA, E.; CINTRA, A. T. F.; SILVEIRA, C. L. P. & OLIVEIRA, R. R. Interceptação e propriedades físico-químicas da precipitação na Mata Atlântica do Maciço da Pedra Branca, RJ. In: *X Simpósio Brasileiro de Geografia Física Aplicada*, 2003. pp. 1511-1514.

As águas e o homem

Denise Portinari

Em um evento como este, que congrega diversas abordagens e disciplinas, é sempre bom especificar, na medida do possível, o lugar a partir do qual se fala. Esse lugar pode muito bem ser uma fronteira, uma encruzilhada, um ponto qualquer de uma trajetória particular. No meu caso, essa trajetória inclui um doutorado em psicologia clínica, a formação e o exercício da psicanálise, uma atividade profissional intensa como professora de graduação e de pós no Departamento de Artes & Design da PUC-Rio, além da paixão pela literatura e pela pesquisa (que pode ser uma atividade apaixonante em si mesma, seja lá qual for o seu objeto). A partir desse emaranhado de saberes e de experiências, surge o fio condutor para tecer algumas considerações sobre o nosso tema, que nesta fala só pode ser considerado sob a perspectiva das relações entre o homem e as águas.

Há muitos anos, tendo recém-completado o mestrado em Psicologia, fui trabalhar na TV Manchete como pesquisadora. Meu trabalho consistia em levantar e organizar informações, textos e imagens para os programas culturais da emissora. Certa vez, encomendaram-me a pesquisa para uma série de programas chamada "sinfonia da natureza". Um dos programas era, justamente, sobre as águas. Agora, passados tantos anos, ao ser chamada para participar deste evento, naveguei um pouco pela internet em busca de inspiração, e reencontrei alguns fragmentos de informações que me fizeram lembrar não só o conteúdo, mas também o tom daquela outra pesquisa de tantos anos atrás.

Noventa e sete por cento das águas da terra concentram-se nos oceanos. Dos três por cento restantes em terra, a maior parte encontra-se sob a forma de gelo ou guarda-se oculta em formas subterrâneas, Apenas um por cento das águas terrestres está disponível para os seres que habitam sobre a terra, mas as águas compõem três quartos da superfície terrestre. Como dizia a chamada do programa da extinta TV Manchete, o nosso planeta poderia muito bem chamar-se "o planeta água". Os seres vivos que habitam este planeta têm em média 75% de água em sua composição corpórea.

Entre os mais de 900 sites que aparecem quando digitamos a entrada "água", encontrei muitas informações desse tipo, que pouco diferem daquelas levantadas pela pesquisa de quinze anos atrás, em outras mídias. A novidade flagrante está na contextualização dessas informações, que agora aparecem sempre associadas a reflexões e advertências como a seguinte:

> A água é o constituinte mais característico da terra. Ingrediente essencial da vida, a água é talvez o recurso mais precioso que a terra fornece à humanidade. Embora se observe pelos países mundo afora tanta negligência e tanta falta de visão em relação a esse recurso, é de se esperar que os seres humanos tenham pela água grande respeito, que procurem manter seus reservatórios naturais e salvaguardar sua pureza. De fato, o futuro da espécie humana e de muitas outras espécies pode ficar comprometido, a menos que haja uma melhora significativa na administração dos recursos hídricos terrestres (La Rivére, internet, consultado em maio de 2004).

Hoje em dia, os especialistas em ciências ambientais nos alertam para a perspectiva de um esgotamento daquilo que chamam de "recursos hídricos terrestres", e recordam, sob a égide do discurso científico, aquilo que todos já sabemos, aquilo que está impresso em nosso imaginário como um daqueles saberes de que não se pode duvidar: a água é origem e sustento da vida — sem água não há vida.

Esse é em parte um saber escolar, que nos é transmitido sob a legitimação do saber científico que se aprende nas escolas, e que é mesmo anterior ao tempo em que a educação ambiental fazia parte dos currículos. Mesmo no tempo em que não se concebia a água em termos de "recurso hídrico", já se recebia esse saber que enlaça a água inextricavelmente à origem e possibilidade da vida.

Para além, ou em simultaneidade ao discurso científico, outros discursos e saberes estabeleceram a seu modo esse enlaçamento. Na cabala, a água e a luz espiritual são da mesma essência. Reza a tradição cabalística que no ano 2000 se anunciariam descobertas sobre a água como chave da longevidade e da vida eterna. Em diversas religiões, a água é parte essencial das liturgias e dos sacramentos, em geral associada à purificação e iniciação; através dela confere-se a bênção, confirma-se o elo entre o terrestre e o divino, encena-se o mistério do renascimento do fiel na sua fé.

Dante, em sua *Divina Comédia*, desdobra uma visão do universo que satisfaz tanto as noções científicas da cosmologia medieval quanto as crenças religiosas de seu tempo. Quando Satanás foi lançado dos céus por seu orgulho e desobediência, ele caiu como um cometa flamejante e, ao bater na terra, atravessou-a até o centro. A cratera prodigiosa que então se abriu tornou-se o abismo incendiado do Inferno; a grande massa de terra deslocada pelo impacto emergiu no pólo oposto, tornando-se o Monte do Purgatório, que é representado por Dante como erguendo-se em direção ao céu exatamente como o Pólo Sul. Na sua visão, todo o hemisfério sul eram as águas, das quais se erguia essa montanha imensa, e em seu cume situava-se o Paraíso Terrestre, do centro do qual fluíam os quatro rios sagrados descritos nas Escrituras.

Quantas terras paradisíacas já habitaram essas águas que, nas topografias míticas e religiosas, representaram tantas vezes o caminho para o Outro Mundo? Nos diários de bordo de Cristóvão Colombo, aprendemos que, no curso de sua terceira viagem, ao alcançar aquilo que hoje sabemos ser a costa norte da América do Sul, após atravessar em meio a grandes perigos, a sua frágil embarcação, entre Trinidad e o continente, ele observou grandes quantidades de água fresca que misturavam-se às salgadas. Hoje, sabemos que essas águas provavelmente vinham dos afluentes do Orinoco. Mas Colombo, nada sabendo sobre o continente que se estendia à sua frente, conjecturou que as águas frescas poderiam estar sendo despejadas por um dos rios do Paraíso, fluindo para os mares do sul a partir da base da grande montanha ancestral (Campbell, 1973, p. 4).

Pouco tempo após aquele ano de 1492, quando o mundo estava sendo sistematicamente explorado e mapeado, Copérnico publicou o seu modelo de um universo heliocêntrico, confirmado sessenta anos mais tarde através da revolução metodológica de Galileu. Hoje, nossos telescópios são sistemas complexos de coleta de informações enviados ao espaço para documentar o universo. Recentemente, ficamos sabendo que encontraram vestígios de água em Marte, descoberta que imediatamente suscita especulações sobre a existência de possíveis formas de vida. Mais uma vez o enlaçamento: água e vida, vida e água.

Mas de que vida se trata?

A minha formação só me permite falar de um tipo de vida: a vida humana, naquilo em que ela se distingue, até onde sabemos, de todas as outras formas de vida conhecidas. Em que consiste essa distinção? Para a ciência moderna, desde Descartes, essa diferença consiste na razão. A razão seria o dom divino que torna o homem humano. Mas, segundo Descartes, embora todos os homens possuam esse dom, poucos conseguem utilizá-lo corretamente. O método da ciência seria, em última instância, o método que ao mesmo tempo promove e fundamenta-se sobre o uso correto da razão. Ainda hoje, pensamos, com o sábio microbiologista citado acima, que o ser humano é um ser eminentemente razoável e que, chamado à razão, saberá fazer bom uso desta para fazer um correspondente bom uso desse bem tão precioso que é, para ele, a água.

Até certo ponto, podemos concordar com esse raciocínio. Sim, o problema não é a água; o problema é o homem. Ou, como já dizia o Riobaldo Tatarana de Guimarães Rosa: "O diabo não há! É o que eu digo, se for (...) Existe é homem humano" (Guimarães Rosa, 1984, p. 568).

Aqui temos um outro problema, que se enuncia ao menos para aqueles que não partilham do otimismo científico: até que ponto pode-se esperar, do homem, que ele seja "razoável"? E mesmo, até que ponto pode-se confiar na razão? Pois a razão tanto pode ser utilizada para legitimar a utilização sustentável dos recursos hídricos, quanto pode ser utilizada para fundamentar um discurso sobre a necessidade de priorizar o desenvolvimento industrial ou agrário, em determinada região, em detrimento desse mesmo uso sustentável. A razão pode ser invocada para privilegiar a posse ou o uso da água por uns em prejuízo de outros. A razão pode até justificar o investimento em soluções alternativas mais radicais, como a exploração de recursos hídricos em outros mundos, ou a criação de substitutos para tais recursos, neste mundo. A pílula de água, ou alguma outra forma de água artificial, se não é parte da nossa realidade cotidiana e concreta, certamente já pertence à categoria do pensável, ou seja, ao imaginário que urde as tramas da estranha realidade humana.

No fim das contas, somos obrigados a concluir que não há "a razão", o que há é uma multiplicação potencialmente infindável de razões. Todas elas movidas por alguma outra coisa. O quê? A necessidade, o interesse, a crença, o medo, enfim tudo aquilo que Nietzsche e Freud chamaram, respectivamente, de vontade *de potência* e de desejo, e que implicam sempre, por sua vez, a adesão a determinados valores, que, por sua vez, servem de justificativas para a razão.

Enfim, a minha formação não me permite dizer sequer uma palavra sobre a água enquanto "recurso hídrico", muito menos sobre a estonteante multiplicidade de fatores envolvidos no seu "bom gerenciamento". Mas permite, isso sim, saber que não há gerenciamento possível sem um projeto que o norteie. E permite, além disso, saber que não há projeto que se sustente na ausência de uma ética. Mas o que podemos entender por uma ética, hoje, senão uma reflexão sobre a ação humana, fundamentada unicamente sobre as condições da vida humana? Então, o que seria preciso levar em conta, em uma perspectiva ética, além da razão — se concordamos que esta não é condição única ou mesmo suficiente, nem de si mesma, nem da ação humana?

É preciso levar em conta aquilo que, no homem, o impele para além do razoável, da autopreservação, da sobrevivência da espécie, da preservação do planeta, e mesmo para além do bem-estar e do seu próprio prazer. Pois esse "para-além" é, ele também, parte indissociável da condição da vida humana. O mais difícil ainda é que se faz necessário levar isso em conta, sem "demonizá-lo", seja através do moralismo virtuoso, seja através da patologização científica. Pois o que está para-além não é o demônio, e não é necessariamente o patológico; como dizia Riobaldo, e é preciso repetir: é ainda o mesmo homem humano. Como, então, pensar esse mais além? Invocamos novamente as águas, desta vez a poética das águas, para que nos conduzam a esse outro lugar, essa outra cena do pensável. "Perto de muita água, tudo é feliz." A crítica literária Leyla Perrone-Moisés (2000) evoca esta frase de *Grande sertão: veredas* ao tratar um tema que é, segundo ela, recorrente em Guimarães Rosa:

> ... o *locus amenus*, motivo literário conhecido desde a Antigüidade clássica e identificado como o Paraíso terrestre, o "lugar dos lugares" na Idade Média (...) Em outras obras de Guimarães Rosa aparecem referências a esse tipo de lugar ameno, sempre com as mesmas características, sobretudo a presença da água (Perrone-Moisés, 2000, p. 271)

No texto, a autora está tratando de outra obra do Rosa: "Lá, nas campinas", de *Tutaméia – Terceiras estórias*. Através desse conto, Leyla retoma o tema já tratado vinte anos antes, em outro texto:

> Procurava então demonstrar que, na topografia rosiana, há um lugar que é nenhum lugar, e que esse não-lugar bem poderia ser o do inconsciente; "lugar" de onde vêm as pulsões, "lugar" onde ficam inscritas as lembranças obsessivas, determinantes de percepções e comportamentos futuros. Segundo Lacan, ao inconsciente o nome de *todo lugar* convém tanto quanto o de *nenhum lugar* (Perrone-Moisés, 2000, p. 265).

No caso de "Lá, nas campinas", eis como Leyla inicia o seu relato da "estória":

> Em primeiro lugar, o agente ou, melhor dizendo, o paciente dessa trama. O melancólico Drijimiro vive numa permanente sensação de perda, num estado de falta. Mas seria a falta uma conseqüência da perda ou seria ela anterior a qualquer posse? De qualquer modo, ele vive a falta como perda, que é menos a

perda de um lugar real, a que pudesse voltar, do que a perda da memória integral desse lugar, posse que seria mais fundamentalmente sua do que a das coisas tidas e lembradas (Perrone-Moisés, 2000, p. 265).

Sobre esse lugar, a autora observa que:

> as "campinas" de Drijimiro têm todos os elementos desse *topos*, devidamente transpostos para a narureza agreste das Minas Gerais: o chão amarelo de oca – "o amarelo quintal da voçoroca"; a casa em forjo de árvores – "a casa entre bastas folhagens", olhos d'água jorrando nos barrancos – "miriquilhos borbulhando nos barrancos"; "passarinhos pendurados nos capins – pássaros" (Perrone-Moisés, 2000, p. 271).

Segundo Rosa, Drijimiro "tudo ignorava de sua infância, mas recordava-a demais". Leyla observa que a palavra "recordar" contém "coração" (*cordis*), e que "recordar é muito diferente de lembrar". Drijimiro, como todo nós, pode recordar aquilo que ignora, aquilo de que não se lembra. "Pode" nem é a melhor palavra aqui, pois justamente o que ocorre é que ele "não pode" com aquela recordação, que o aprisiona em seu nó, e que insiste em recusar-se à lembrança, que só irrompe na morte do personagem, "o peito, rebentado". E aqui novamente recorremos à sensibilidade de Leyla:

> O sofrimento reminiscente de Drijimiro pode ser visto como uma experiência única, individual, decorrente de sua biografia de criança pobre abandonada. Mas o lugar lembrado por ele é um lugar comum a todos os homens, não como *locus* mas como *tópos*, como elemento recorrente da estrutura inconsciente dos seres falantes. A linguagem é uma rede de lugares vazios, só ocupados em provisórias situações e permanentes deslocamentos. A palavra *utopiedade*, criada por Guimarães Rosa nesse conto, junta *utopia* (outro lugar) e *piedade* (comiseração); pela semelhança fonética, lembra *autopiedade*. A orfandade e o abandono eram experiências particulares de Drijimiro, mas a falta e o desejo são de todos os homens que, como ele, sofrem e merecem piedade. Saber dizer esse lugar comum faz a grandeza de Guimarães Rosa e o alcance universal do conto (Perrone-Moisés, 2000, p. 275).

Sobre as águas...

Outro que sabe dizer esse lugar comum, esse lugar nenhum, esse todo lugar: em Fernando Pessoa, entre os vários heterônimos que compõem a vastidão de sua obra, encontramos também muitas referências às águas como divisoras e marcos desse "outro lugar" que é lugar nenhum e todos os lugares.

> Entre o sono e o sonho
> Entre mim e o quem em mim
> E o quem eu me suponho
> Corre um rio sem fim.
>
> Passou por outras margens
> Diversas mais além
> Naquelas várias viagens
> Que todo o rio tem;
>
> Chegou onde hoje habito
> A casa que hoje sou
> Passa, se eu me medito;
> Se desperto, passou.
>
> E quem me sinto e morre
> No que me liga a mim
> Dorme onde o rio corre
> Nesse rio sem fim (Pessoa, 1983).

Esse "outro lugar", poderíamos supor, aparece aqui mais explicitamente do que em Rosa, como um lugar "em mim". Mas, justamente, é disso que não se trata, em Pessoa, visto que o rio corre "entre mim e quem em mim eu me suponho", e se ao me meditar ele corre, se desperto (se "caio em mim"), já passou.

Tanto em Pessoa, quanto em Rosa, essa "outra cena" do rio, dos olhos d'água, é aquilo que está em mim para além de mim, fundamento do meu ser fora de mim; o mais íntimo do meu ser é outro, é externo, é estranho, é, como diz Slavov Zizek: ex-timo. Irrecuperável, como a lembrança das campinas de Drijimiro, mas fluindo incessantemente entre mim e o quem em mim eu me suponho, como o rio de Pessoa. Algo que só encontra representação sob os signos da perda fundamental, da falta constitutiva, do que está imperiosamente lá, não estando.

Isso tudo pode parecer muito intangível, muito abstrato, como a própria poesia. Esta, como sabemos, não serve para nada. Não gerencia recursos hídricos, por exemplo. Todavia, vale lembrar que, como diz Leyla Perrone-Moysés sobre a literatura, "seus efeitos sobre o real são indiretos, incomensuráveis em termos práticos, mas sensíveis em termos de valorização da práxis. Daí sua 'inutilidade' e sua indispensabilidade" (Perrone-Moisés, 2000, p. 13). Ou seja, é o inútil que nos move. Inseparável da razão, da razoabilidade, da funcionalidade, que tem na inutilidade fundamental do sujeito a sua origem e a sua direção, a outra cena na qual se encenam as pulsões de vida e de morte, de posse e despossessão, do prazer e do além-do-prazer não cessa de produzir os seus efeitos na vida humana. A civilização, nos diz Freud, consiste nas formas de vida produzidas pelos esforços comuns empreendidos pelos homens para circunscrever, transformar, canalizar esses efeitos — que não cessam nem por isso de se produzir, de estar na base de tudo o que é funcional nos termos dessa civilização. Essa é a origem do que ele denomina o "mal-estar" (1930) inseparável de todo estado ou processo civilizatório. Mal-estar: angústia, conflito, precariedade. Nossa herança ancestral, nossa condição de "homem humano"; isso é o que não podemos excluir de qualquer consideração ética.

No que se refere à questão das águas, o que isso indica é que provavelmente não haverá solução ideal, satisfatória para todos, garantia última de nosso bem-estar ou mesmo de nossa continuidade perpétua sobre o planeta. Indica que muitos interesses ou razões conflitantes e absolutamente incompatíveis entre si terão que ser levadas em conta, com poucas perspectivas de um acordo satisfatório para todos. Indica que, mais uma vez, há determinadas práticas a serem coibidas, outras a serem encorajadas. Indica que mesmo o nosso engenho e a nossa astúcia encontram sempre os seus limites, que é com esses mesmos que é preciso trabalhar. Indica, enfim, que o Paraíso Terrestre das águas que jorram da fonte da vida eterna está perdido desde sempre. Nossa, como diz o sempre presente Riobaldo Tatarana, é apenas a figura poética associada tanto às águas quanto ao deserto: a travessia. Deserto ou sertão que, vale lembrar, dando ainda a última palavra a Riobaldo: "lugar sertão se divulga (...) o sertão está em toda parte."

Referências bibliográficas

CAMPBELL, Joseph. *Myths to Live By*. New York: Viking Press, 1973.
GUIMARÃES ROSA. *Grande Sertão: Veredas*. Rio de Janeiro: Nova Fronteira, 1984.
LA RIVÉRE, J. W. Maurits, Deft University of Technology, Holanda. Internet www.geocities.com/~esabio/água.htm, consulta realizada em maio de 2004.
FREUD, S. O Mal-Estar na Civilização (1930). In: *Obras Completas*. Edição Standard Brasileira, Vol. XXI. Rio de Janeiro: Imago Editora, 1974.
PERRONE-MOISÉS, Leyla. *Inútil Poesia*. São Paulo: Companhia das Letras, 2000.
PESSOA, Fernando. *Obra Poética*. Rio de Janeiro: Editora Nova Agilar S.A., 1983.

Águas coloridas que desenham a vida do corpo na terra

Ana Branco

Biochip é um grupo aberto de estudo, pesquisa e desenho que investiga as cores e a recuperação das informações presentes em modelos vivos: hortaliças, sementes e frutos. A pesquisa Biochip encontra ressonância e analogia com a prática da Agricultura Ecológica em relação à Terra. Na agricultura convencional, quando uma lagarta come uma planta, ataca-se a lagarta para defender a planta. Na prática ecológica, ao invés de agir diretamente na planta, o que é trabalhado é a Terra, o ecossistema, a base onde a planta busca seus nutrientes. Quando o solo também está vivo, a planta pode buscar seus nutrientes com um mínimo de esforço, absorvendo nutrientes, já decompostos pelo metabolismo da Terra.

Para recuperar a vida de um solo ácido, é necessário alcalinizá-lo. Isso é feito com o plantio de sementes e hidratação para que haja biogênese (geração de vida) e revitalização. A diversidade das sementes não somente colabora com a alcalinização, como também amplia as possibilidades de trocas.

Da mesma maneira, nosso corpo pode ser considerado um latifúndio, alcalinizado e re-conectado através da revitalização e da recepção de informações que se ampliam diante da biodiversidade da vida, quando ingerimos alimentos vivos. As sementes, hortaliças e frutos crus, como são encontrados na natureza, são concentrados vivos de informações armazenadas — "biochip".

Reconhecendo que essas informações podem ser decodificadas a partir do contato direto com os modelos vivos e que as cores geradas pela vida da Terra recuperam no nosso corpo informações matrísticas, isto é, relacionadas diretamente com a nossa origem enquanto mamíferos, foi organizada a proposta do Biochip, que busca uma revitalização da relação humana com a natureza viva.

Aos participantes da pesquisa são propostas experiências estéticas com esses modelos, a partir de investigações relacionadas com a forma, cor e sabor, que culminam na produção e ingestão de desenhos vivos. Os materiais para o Desenho de Investigação podem ser rabanetes, cenouras, beterrabas, brócolis, quiabos, couve, tomates, etc. Os alimentos vivos, considerados como pigmentos para as composições, são coletados em hortas de cultivo orgânico, onde acontecem as atividades do Biochip. Cada participante recebe a indicação inicial de buscar as cores atraentes ao olhar, aromas e sabores interessantes ao paladar. A hortaliça recém-colhida está no máximo de sua vitalidade: as cores, sabores e informações são, ainda, originais.

Durante a colheita e o processamento, o participante tem seus sensores corporais ativados pelo contato com a terra e pelo ecossistema gerado por esse novo ambiente. Com isso, o organismo humano vai se preparando para receber o alimento. Cada participante, a partir do contato com a terra, com os modelos vivos e com os processos de coleta, lavagem e investigação das possibilidades formais que cada modelo desperta, organiza composições individuais com a matéria viva sobre suportes planos.

Durante o Desenho de Investigação, o participante segue os vestígios das modificações geradas pela ação do corte, do tempo, do desencadear do processo de germinação, da mudança de temperatura, fermentação, desidratação, entre outras técnicas. É importante que, ao desenhar, sejam examinadas com atenção as maneiras como a cor e o sabor podem ser modificados pela forma e as surpresas geradas durante o processo.

A soma dos desenhos individuais compõe um desenho maior, coletivo, sob a forma de mandala. Este é um desenho que aponta para o centro, usado como instrumento para evidenciar uma ordenação existente, porém, ainda desconhecida, tendo efeito reorganizador, tanto individual, como coletivamente. Os processos e as descobertas são comentados, os sabores experimentados e as surpresas, as soluções geradas pelo corte e as novidades são incorporadas. Os participantes, então, oferecem seus desenhos e estes são saboreados.

A investigação através do desenho com modelos vivos proporciona uma experiência não somente para o nosso próprio universo afetivo visual, como também para o nosso próprio universo afetivo saboroso, impresso culturalmente tanto em nossos olhos, como em nossa boca, conforme nos ensina H. Maturana (1995).

Reconhece-se a relação entre saber e sabor, palavras que têm a mesma origem. A revitalização das sementes é um aprendizado básico fundamental de recuperação do humano, substituindo-se um caminho de desconexão que carrega metáforas de guerra, ataque, defesa e amortecimento, por uma atitude que prioriza a geração de vida como meio de aquisição de conhecimento.

Propomos que as sementes sejam revitalizadas para que seu potencial seja expandido e a espécie humana recorde que o processo criativo é natural no ser vivo. Para promover a dinâmica desejada a essa aprendizagem foram construídos os Laboratórios Itinerantes de Pesquisa do Aprendizado com Modelos Vivos (1 e 2).

São constituídos por estruturas autotensionadas de bambu e tecido, sem fundações, com um mínimo de obstáculos entre o interior e o exterior, com a intenção de promover a liberdade e a permeabilidade com o entorno. Quando instalada, a estrutura sinaliza no ambiente a presença de grupos em atividade, além de circunscrever o espaço da ação, enfatizando o resultado do desenho coletivo. A organicidade e a leveza do material com o qual a estrutura foi construída indicam a atitude necessária para a atividade, liberando comportamentos e expectativas. Os apoios e assentos estimulam uma postura leve e movimentação ativa do corpo, além de apontarem para a dinâmica da conexão do homem com a terra.

Esse laboratório foi projetado para poder ser instalado em diferentes locais, que possuem saberes e sabores característicos, incorporando as variações do novo ambiente. O sistema construtivo utilizado baseou-se na metodologia de autoconstrução e dá continuidade a uma linha de outros objetos em experimentação no campus da PUC-Rio. O Laboratório Itinerante possibilita que a escola vá até onde o conhecimento se encontra, sublinhando e legitimando o saber local e lembrando que a informação existe além das fronteiras formais de aquisição de conhecimento.

O Biochip faz parte das atividades desenvolvidas no LILD — Laboratório de Investigação em Living Design — do Departamento de Artes & Design da PUC-Rio. Nesse espaço são estimuladas metodologias e técnicas envolvidas no processamento com materiais vivos — aqueles que são encontrados na natureza, prontos para o uso — tais como: bambu, argilas e sementes. A proposta do Biochip é conseqüência das observações e estudos feitos durante as aulas da disciplina "Convivências" do Departamento de Artes & Design e de experimentos com a comunidade na Bio-Oficina sem vestígios, no LILD. Nesses grupos são discutidas questões de forma e forma, como a variação da forma determina a alteração do sabor, a recuperação de informações através do contato direto com materiais capazes de estabelecer "pontes orgânicas", questões de rompimento da informação, a partir da perda da água molecular, desnaturação e eternização da forma e suas conseqüências no indivíduo e na sociedade.

Referências bibliográficas

CLEMENT, Brian R. *Living Foods for Optimum Health*. Rocklin, CA: Prima Publishing, 1986.
COUSENS, Gabriel. *A Dieta do Arco-Íris*. Rio de Janeiro: Editora Record, 1986.
GELINEAU, Claude. *La Germinación en la Alimentación*. Barcelona: Editora Integral, 1980.
GRANT, Doris. *A Combinação dos Alimentos*. São Paulo: Ground Editores, 1992.
JENSEN, Bernard. *Semillas y Germinados*. México: Editora Yug, 1986.
KULVINSKAS, Viktoras P. *Nutrition Evaluation of Sprouts and Grasses*. Iowa: 21st Century Publications, 1983.
LÉVI-STRAUSS, Claude. *O Cru e o Cozido*. São Paulo: Editora Brasiliense, 1991.
MATURANA, H. R. *A Árvore do Conhecimento*. São Paulo: Editora Psy II, 1995.
MEYEROWITZ, Steve. *Sprouts – The Miracle Food*. The Sprout House, 1997.
MOONEY, Pat Roy. *O Escândalo das Sementes*. São Paulo: Nobel, 1986.
NAKAYAMA, Akira. *Os Brotos*. São Paulo: Editora Gaia, 1984.
RITCHIE, Carlson I A. *Comida e Civilização*. Lisboa: Assírio e Alvim, 1981.
STEIMER, Rudolf. *Fundamentos de Agricultura Biodinâmica*. Editora Antroposófica,1993.
TOMPKINS, Peter. *A Vida Secreta das Plantas*. Rio de Janeiro: Expressão e Cultura, 1986.
VARELA, Francisco. *Ética y Acción*. Chile: Dolmen Ediciones, 1996.
WIGMORE, Ann. *Be your own Doctor*. Wayne, NJ: Avery Publishing Group, 1984.

Posfácio

Águas passadas movem moinhos

Eliana Yunes

Diferentemente dos prefácios que se ocupam em apresentar, de modo sucinto, o quadro geral, comentado, do que se vai ler, com cenários, recortes, justificativas, o posfácio tem função diversa frente ao leitor. Lido o livro, que mais pode ele querer saber? No posfácio, em geral, se oferece o *making off* da própria obra, as estratégias, os percursos, os percalços, a seleção e suas motivações, enfim: como resultou, o que ficou dentro e por quê, o que ficou fora e... cadê? O índice do livro fala das presenças, mas apaga nas entrelinhas o que não chegou a tempo, vencido pelos prazos, dificuldades técnicas, coisas sempre minimizada, afinal. Contudo, os organizadores acharam por bem que não se procedesse como de ordinário e decidiram por estas linhas finais que tratam do acontecido antes de tudo.

A idéia de realizar o Seminário Interdisciplinar *Sobre as águas... Desafios e perspectivas*, para articular áreas e pesquisadores do Centro de Teologia e Ciências Humanas da PUC-Rio, no Ano Internacional da Água, depois da Campanha da Fraternidade ter tematizado sua preservação em defesa da vida, permitiu o encontro com o Núcleo Interdisciplinar de Meio Ambiente, que, com o mesmo propósito e abrangência diferente, disputava a agenda do Auditório Anchieta. Juntamos o empenho, os recursos, as equipe e o que seria dois de programação se estendeu por toda uma semana, envolvendo 12 departamentos da PUC-Rio e professores convidados de outras instituições.

O ciclo exigiu dois meses de organização, com dificuldades para compatibilizar nomes e horários, idas e vindas na formatação do programa, desistências, mas conseguimos reunir quase 50 pesquisadores em mesas redondas temáticas, conferências com debatedores, palestras ilustradas. Algumas delas compõem o volume que o leitor acaba de atravessar. Ficaram excluídas as palestras que foram apresentadas com suporte de imagens, *slides*, vídeos, ou preparadas em *powerpoint*. Para além dos artigos aqui reproduzidos, o público que acompanhava o seminário logrou interagir com performances e aulas lúdicas com abordagens originais.

Tivemos o cuidado de convidar teólogos e filósofos, psicanalistas e artistas, amantes de música e de cinema, defensores do meio-ambiente e educadores, pesquisadores do corpo e médicos, sociólogos e historiadores, geógrafos e designers, economistas e jornalistas, físicos e matemáticos, políticos e cientistas sociais. O painel montado, é verdade, mais ofereceu uma visão multidisciplinar que transdisciplinar, embora possamos dizer, muitas vezes, que a perspectiva paradigmática do evento esteve definida no título *Sobre as águas*, fragmento de um texto da sagrada escritura judaico-cristã que aparece em Gn 1, 2: "E o Espírito de Deus pairava sobre as águas".

Como sinal de vida, elemento condicionante para que o humano acontecesse, a água esteve sempre presente enquanto elemento sagrado, benfazejo, indispensável por razões inquestionáveis em qualquer quadrante ou cultura. Sua fúria na natureza inclui um dilúvio. Em defesa de sua distribuição equânime e contra o desperdício e escassez, técnicos, pesquisadores e pensadores entraram em diálogo transdisciplinar em torno das mesas redondas.

Mas não basta; é pouco. Terminado o seminário, o colóquio torna-se rarefeito nas interações acadêmicas do dia-a-dia; o que fizemos ainda são provocações. A estrutura do mundo acadêmico ensaia apenas os passos para uma interdisciplinaridade efetiva e procura cuidadosa, romper os muros entre as áreas diversas do conhecimento, para que as suas singularidades sejam realimentadas à luz das pluralidades. E por isso mesmo possam promover o reenfoque das pesquisas setorizadas, que, sem perder seu objeto próprio, ampliem sua efetividade pela interação com outros campos do saber. Com isto, também o Centro de Teologia e Ciências Humanas da PUC-Rio quer estimular pesquisas integradas entre centros e departamentos.

Autores

Alvaro de Pinheiro Gouvêa é Doutor em Psicologia Clínica pela PUC-Rio; DEA em "Filosofia da Existência" no Centro G. Bachelard de Pesquisa sobre o Imaginário e a Racionalidade, Universidade de Borgonha, França; Professor do Departamento de Psicologia da PUC-Rio; Coordenador e Professor do curso de pós-Graduação "Psicologia Junguiana e Imaginário" da PUC-Rio. Publicou *Sol da Terra: o uso do barro em psicoterapia* e *A tridimensionalidade da relação analítica*; além de vários artigos em revistas nacionais e estrangeiras.

Ana Branco é Professora do Departamento de Artes & Design da PUC-Rio desde 1981. Como professora, também supervisiona o estágio de alunos em atividades profissionais fora do ambiente acadêmico, estimulando a descrição minuciosa de seus processos de trabalho. Pesquisadora do desenho com modelos vivos, ela vem construindo espaços permanentes e itinerantes de aprendizado coletivo. Coordena a Convivência com o Biochip, onde o Grupo Aberto de Estudo, Pesquisa e Desenho com Modelos Vivos favorece a divulgação e experimentação da pesquisa. Nele são investigadas as cores, os odores, os sabores e as informações contidas nas frutas, hortaliças e sementes revitalizadas pela germinação.

André Marcelo Machado Soares é Doutor em Teologia pela PUC-Rio, Professor de Filosofia, Coordenador Geral do Núcleo de Bioética Dom Hélder do Centro Loyola de Fé e Cultura/PUC-Rio e membro do Comitê de Ética em Pesquisa do Instituto Nacional de Câncer (INCA - Ministério da Saúde).

André Trigueiro é Jornalista, com pós-Graduação em Gestão Ambiental pela COPPE/UFRJ, Professor de Jornalismo Ambiental da PUC-Rio, Coordenador Editorial e um dos autores do livro *Meio Ambiente no século XXI*. Desde 1996 vem atuando como repórter e apresentador do "Jornal das Dez" da Globonews, canal de TV a cabo, onde também produziu, roteirizou e apresentou programas especiais ligados à temática socioambiental. Pela série "Água: o desafio do século 21" (2003), recebeu o Prêmio Imprensa Embratel de Televisão e o Prêmio Ethos - Responsabilidade Social, na categoria Televisão. É voluntário da Rádio Viva Rio (AM 1180kwz), onde apresenta o quadro "Conexão Verde" e comentarista da Rádio CBN (860kwz), onde apresenta aos sábados e domingos o quadro "Mundo Sustentável". É consultor e articulista do site www.ecopop.com.br

Benigno Sobral é Mestre em Educação pela *Universidad de La Habana* e membro do Núcleo de Bioética Dom Hélder do Centro Loyola de Fé e Cultura da PUC-Rio.

Danilo Marcondes de Souza Filho é Doutor em Filosofia pela *University of St. Andrews, UK* (1980), Mestre (1977) e Licenciado (1975) em Filosofia pela PUC-Rio. É Professor Titular do Departamento de Filosofia PUC-Rio; Professor Adjunto do Departamento de Filosofia da Universidade Federal Fluminense e Professor convidado do COPPEAD-UFRJ. Na PUC-Rio foi Diretor do Departamento de Filosofia (1987-1989); Decano do Centro de Teologia e Ciências Humanas (1989-1992) e atualmente é Vice-Reitor para Assuntos Acadêmicos (desde 1999). Foi Pesquisador do CNPq (1981 a 2000); Representante de área de Filosofia junto à CAPES-MEC (1997-1999); membro do Comitê de Filosofia do CNPq (1997) e ainda serve na capacidade de consultor da FAPERJ e da FAPESP. Publicou *Filosofia Analítica* (Rio de Janeiro, 2004); *Textos Básicos de Filosofia* (Rio de Janeiro, 1999); *Iniciação à História da Filosofia* (Rio de Janeiro, 1997); *Dicionário Básico de Filosofia*, em co-autoria com Hilton Japiassú (Rio de Janeiro, 1990); *Filosofia, Linguagem e Comunicação* (São Paulo, 1984); *Significado, Verdade e Ação* (Organizador) (Niterói, 1986) e *Language and Action: A Reassessment of Speech Act Theory*, John Benjamins (Amsterdam/Philadelphia, 1984).

Denise Pini Rosalem da Fonseca é Arquiteta e Historiadora. Realizou estudos de graduação em Arquitetura na USP e na UFRJ a sua licenciatura em História na PUC-Rio. Cursou os programas de mestrado em Planejamento Urbano da COPPE-UFRJ e em Estudos de América Latina da Universidade de Houston e de doutorado em História Econômica e Social da USP. É Coordenadora Geral do Setor de Desenvolvimento Sustentável do NIMA/PUC-Rio, Coordenadora de uma linha de pesquisa do Núcleo Interdisciplinar de Reflexão e Memória Afrodescendente, NIREMA/PUC-Rio e Professora da PUC-Rio desde 1992. A partir de 2001 foi incorporada ao programa de Pós-graduação do Departamento de Serviço Social, no qual coordena a linha de pesquisa "Questões Socioambientais, Estudos Culturais e Desenvolvimento Sustentável". Publicou *Secretos de Alacena* (Quito, 1998); *De la Cocina de Manabí* (Quito, 1999); *Esencia Cuencana* (Cuenca, 1999); *Cooperação e confronto*. (Rio de Janeiro, 2002); *Notícias de outros mundos*. (Rio de Janeiro, 2002). Organizou *Meio Ambiente, Cultura e Desenvolvimento Sustentável* (Rio de Janeiro, 2002) e *Resistência e inclusão* (Rio de Janeiro, 2003). Participou em uma dezena de coletâneas de textos e publicou mais de duas dezenas de artigos em revistas e anais de congressos.

Autores

Denise Portinari é Professora do Departamento de Artes & Design da PUC-Rio. Psicanalista, membro do Espaço Brasileiro de Estudos Psicanalíticos, Doutora em Psicologia Clínica pela PUC-Rio. Integra o Laboratório da Representação Sensível, junto com os Professores Doutores Gustavo Amarante Bomfim (Estética) e Alberto Cipiniuk (História da Arte). O Laboratório desenvolve uma abordagem interdisciplinar de questões relativas à cultura material na contemporaneidade, articulando seus aspectos éticos e estéticos.

Evaristo Eduardo de Miranda é Ecólogo e Agrônomo, com mestrado e doutorado em Ecologia na França. É autor de uma centena de trabalhos técnicos e científicos publicados no Brasil e exterior, incluindo uma dezena de livros. Membro da *Societé d'Écologie* da França e da *Ecological Society of America*, participa de várias associações e sociedades científicas e profissionais. Foi professor de ecologia na Universidade de São Paulo. Na Embrapa coordenou vários programas nacionais de pesquisa voltados para o desenvolvimento sustentável da agricultura no Nordeste e na Amazônia. Atualmente é pesquisador da EMBRAPA – Monitoramento por Satélite, em Campinas, onde é o responsável pelo monitoramento de queimadas agrícolas, desmatamentos e uso das terras em todo o território nacional. É consultor da FAPESP, FAO, OEA, UNESCO e de diversas instituições nacionais e internacionais de pesquisa e desenvolvimento.

Josafá Carlos de Siqueira, SJ é Doutor em Biologia Vegetal pela UNICAMP, Professor de Biogeografia e Ética Ambiental do Departamento de Geografia da PUC-Rio e Professor do programa de Pós-Graduação do Departamento de Serviço Social da PUC-Rio. Publicou *Utilização popular das plantas do cerrado* (São Paulo, 1981), *Plantas medicinais. Identificação e uso das Espécies dos Cerrados* (São Paulo, 1988), *Um olhar sobre a natureza - Ecologia e Meditação* (Rio de Janeiro, 1991), *A flora do campus PUC-Rio* (Rio de Janeiro, 1991), *Meditações Ecológicas de Inácio de Loyola* (São Paulo, 1995), *Ética e Meio Ambiente* (São Paulo, 1998), *Orações ecológicas* (São Paulo, 2000), *Pirinópolis: identidade territorial e biodiversidade* (Rio de Janeiro, 2004) e mais três livros de educação ambiental, mais de 40 artigos em revistas especializadas e anais de congressos. Organizou *Meio Ambiente, Cultura e Desenvolvimento Sustentável* (Rio de Janeiro, 2002). É Vice-Reitor da Pontifícia Universidade Católica do Rio de Janeiro.

Lina Boff fez sua primeira experiência missionária na Amazônia-Acre por cerca de dez anos. Trabalhou por sete anos na antiga Fundação Nacional do Bem-Estar do Menor (FUNABEM) como Orientadora Educacional, onde foi eleita Conselheira Geral em 1978, para representar a América Latina na equipe do governo geral da sua Congregação. Durante o tempo que ficou em Roma, trabalhou e estudou Teologia Sistemática e Espiritualidade na Gregoriana. Acabou seus estudos teológicos na PUC-Rio e após haver defendido sua tese de doutoramento conseguiu uma Bolsa do CNPq para fazer seu Pós-doutoramento na mesma Gregoriana. Foi Coordenadora da Pós-Graduação na PUC-Rio. É Professora de Teologia Sistemática na graduação e pós-graduação. Foi membro da Equipe de Reflexão Teológica (ERT) da Conferência dos Religiosos do Brasil (CRB); ensinou e coordenou um trabalho de catequese na Favela do Rodo, Rio Comprido, na Paróquia dos Servos de Maria e dá assessoria a grupos de base e outros quando é solicitada a fazê-lo, dentro e fora do Brasil e no Oriente.

Maria Clara Lucchetti Bingemer é Bacharel em Comunicação Social pela PUC-Rio (1975). Graduou-se em Teologia pela mesma Universidade (1982), tendo igualmente obtido aí o título de Mestre em Teologia Sistemática (1985). É Doutora em Teologia pela Pontifícia Universidade Gregoriana, Roma (1989). É professora do Departamento de Teologia da PUC-Rio desde 1982, tendo sido coordenadora de graduação do mesmo departamento (1990-1992). Foi durante cinco anos pesquisadora do Centro João XXIII de Investigação e Ação Social (1990-1995). Foi Fundadora e Coordenadora por dez anos do Centro Loyola de Fé e Cultura da PUC-Rio (1994-2004). Atualmente é Professora associada do Departamento de Teologia e Decana do Centro de Teologia e Ciências Humanas da PUC-Rio. É igualmente membro da Comissão Episcopal de Doutrina da Conferência Nacional dos Bispos do Brasil.

Rogério Ribeiro de Oliveira é professor e diretor do Departamento de Geografia da PUC-Rio, onde ministra as disciplinas Ecologia de Florestas Tropicais e História Ambiental. É formado em jornalismo pela PUC-Rio e tem mestrado e doutorado em Geografia pela PUC-Rio. Seu foco de pesquisas é voltado para o entendimento das alterações antrópicas nos ecossistemas florestais, especialmente a Mata Atlântica, em diversas escalas de tempo e de agentes.

Walter Esteves Piñeiro é Especialista em Biodireito e Coordenador Executivo do Núcleo de Bioética Dom Hélder do Centro Loyola de Fé e Cultura da PUC-Rio.

Texto composto em Baskerville, corpo 11/10
para notas e referências bibliográficas e 12
para títulos. Numeração em Didot 10,
página de rosto em Didot, corpos 14 e 24.
Foi impresso em papel Chamois Fine 80g/m^2,
em dezembro de 2004.

Editoração, impressão e acabamento
GRÁFICA E EDITORA SANTUÁRIO
Rua Pe. Claro Monteiro, 342
Fone 012 3104-2000 / Fax 012 3104-2036
12570-000 Aparecida-SP